蛋的多重宇宙

麗茲・史塔克　著
孟令函　譯

從歐姆蛋、蛋彩、用蛋製作疫苗，
到上太空的蛋，探索蛋的文化史、科學貢獻與實用價值，
認識我們不可或缺又無所不在的「蛋」

臉譜書房 FS0173

蛋的多重宇宙

從歐姆蛋、蛋彩、用蛋製作疫苗，到上太空的蛋，探索蛋的文化史、科學貢獻與實用價值，認識我們不可或缺又無所不在的「蛋」

Egg: A Dozen Ovatures

作　　者　麗茲・史塔克（Lizzie Stark）
譯　　者　孟令函
編輯總監　劉麗真
總 編 輯　謝至平
責任編輯　許舒涵
行銷企畫　陳彩玉、林詩玟

發 行 人　凃玉雲
出　　版　臉譜出版
城邦文化事業股份有限公司
台北市民生東路二段141號5樓
電話：886-2-25007696　傳真：886-2-25001952
發　　行　英屬蓋曼群島商家庭傳媒股份有限公司城邦分公司
台北市中山區民生東路二段141號11樓
讀者服務專線：02-250077一八；25007719
24小時傳真專線：02-25001990；25001991
服務時間：週一至週五09:30-12:00；13:30-17:00
劃撥帳號：19863813　戶名：書虫股份有限公司
讀者服務信箱：service@readingclub.com.tw
城邦網址：http://www.cite.com.tw
香港發行所　城邦（香港）出版集團有限公司
香港灣仔駱克道193號東超商業中心1樓
電話：852-25086231或25086217　傳真：852-25789337
馬新發行所　城邦（馬新）出版集團
Cite（M）Sdn. Bhd.（458372U）
41-1, Jalan Radin Anum, Bandar Baru Sri Petaling,
57000 Kuala Lumpur, Malaysia.
電話：+6(03)-90563833　傳真：+6(03)-90576622
讀者服務信箱：services@cite.my

一版一刷　2023年10月

城邦讀書花園
www.cite.com.tw

ISBN 978-626-315-373-8

售價：NT$ 420

獻給洛斯科

一切皆來自於卵子。（*Ex ovo omnia.*）

——威廉．哈維（William Harvey），一六五一年

目次

前言

這是本主題圍繞著蛋的書，關於炒蛋、水煮蛋、宇宙蛋；關於魔法儀式裡的蛋、概念藝術家（conceptual artist）陰道裡的蛋、在淘金潮（Gold Rush）時期成為幫派爭鬥原因的蛋。本書關於那些易怒又狂熱的維多利亞時代紳士，以及努力模仿他們的現代藍領男性，另也關於小丑界的傳統及宇宙裡的實驗。這本書關於我和父親、母親，還有我們在廚房裡外的關係。

蛋是一種矛盾的存在，既是生命又非生命，同時是這世界上最珍貴又最毫無價值的細胞：珍貴之處在於其擁有創造新生命的可能性；毫無價值，則是因為這種創造生命的行動大部分都淪為失敗的嘗試，因此自然演化便不得不孤注一擲，決定以數量取勝。以人類的卵子而言，我們這些體內有卵子的人，一出生就擁有大約一百萬顆卵子，到了青春期，卵子的數量會下降至大約三十萬顆。在這之中，只有極少數的卵子——少於千分之一——能夠在我們人體具備生育能力的時期真正進入輸卵管。即便是用最寬鬆的標準，在這些存活下來的極少數卵子裡，人類真正使用到的部分也不超過四分之一。¡世界上生下最多孩子的母親據說是一位十八世紀的俄羅斯農民，她一生中誕育了六十九個孩子。然而歷史卻未確實記錄下她的姓名——或許是瓦倫提娜（Valentina）；至於《金氏世界紀錄大全》（*The Guinness Book of World Records*）則只稱她為「費多爾．瓦西里耶夫之妻」（the wife of Feodor Vassilyev）。讓我再為各位重述一次：這名婦女一輩子孕育了將近七十個生命，但如今這世界上卻沒人知道她的名字，這個故事正彰顯了父權社會不斷想控制能夠創造生命的卵子，同時抹滅那些母親身分的現象。

除了創造新生命以外，蛋有時也是用來交易的實體貨物。菲律賓就有十分特別的例子；一五〇〇年代中期，西班牙在菲律賓群島展開長達三世紀的殖民時期，隨之抵達菲律賓的還有眾多天主教傳教士，他們運用當地材料建造了許多巴洛克式教堂——包括土坯牆、石牆，以及用灰泥砌成的磚牆。建造這些建築物的過程中，需要用動物性蛋白質來增強水泥與灰泥的強度，使用到的材料便包括了野牛奶、山羊血、鴨蛋白和蛋殼。先別管「命運給你檸檬，你就得努力把它做成檸檬水」這件事了，我們在這段時期所看到的，是殖民主義給了菲律賓人鴨蛋黃，於是當地婦女就變出含有濃郁蛋黃的經典小點心與甜點，其中便包括以蛋黃、煉乳、糖與檸檬皮組合而成的蛋奶糖球（yema），以及比一般焦糖布丁更加濃厚的焦糖煉乳布丁（leche flan）；除此之外，還有各式各樣的餅乾。菲律賓人所做的濃郁甜點也呼應了當地對於興建天主教建築的熱忱。這就是關於蛋的典型故事：原本的開端慢慢發展到最後，竟得出了截然不同的結果，這就是人類所展現出的豐富創造力。[1]

在所有與蛋有關的人類傳統當中，我個人最喜歡的大概就是雞蛋舞（egg dance）了，這是源自於歐洲日耳曼地區的春季習俗，一對對愛侶在散落著雞蛋的地面上跳舞；能夠跳三支舞而不踢破任何雞蛋的情侶，就可以在沒有父母允許的情況下自行成婚。雞蛋舞彷彿就是讓人逃避社會規範的漏洞，這令我忍不住開始思考各種能夠逃避文化習俗的方式；雞蛋舞有沒有可能是用來幫助酷兒、不同階級或國籍的人得以結婚的方式？誰知道呢。不過雞蛋舞所帶來的機會（也就是逃離社會規範與束縛的出路），在有蛋的地方，就有這種現象存在。

那麼，蛋到底是什麼？說起「蛋」，我們指的大多就是「鳥類的蛋」，更精準一點

---

i 在這裡我刻意不使用「女性」一詞是因為「擁有卵子的人」與「女人」並非完全的同義詞。雖然體內具有卵子的人出生便被賦予了女性的生理性別，但我有許多親人、好友的體內雖具有卵子，卻自認並非女性，同時我也有些並不具備卵子，但絕對是女人的親友。在本書中，我會盡力秉持這項觀點並清楚區分兩者之間的差異，但若還是有所疏漏，請各位讀者見諒。

來說就是「雞蛋」；不過其實爬蟲類與其他某些哺乳類也都會產卵。只要是有性生殖動物，就有卵的存在：青蛙會生出充滿黏膠狀物質的卵泡；魚類則會產下一顆顆魚子；螳螂有卵鞘（也就是幼蟲居住的旅館）；至於人類、天竺鼠以及大部分哺乳類動物的身體則會產生出微小的卵子。以上所說的各種卵其實都是卵細胞（ova，單數型為ovum）——以大多數動物而言，卵細胞是兩種生殖細胞當中比較大的那一種，而這些卵細胞也都是蛋的一種。本書最主要的主題便是鳥類的蛋——也就是具有硬實外殼的卵細胞——不過也會不時提及其他物種的卵。[2]

俗話中有個長久以來就一直存在的疑問：到底是雞生蛋，還是蛋生雞？我們就在這裡快速做個結論吧，就是蛋先生出了雞。各位，一定是先有蛋才有雞。蛋出現在這個世界上的時間比雞早了三億年，當初爬蟲類首次從最原始又濕潤的泥淖爬上岸，演化出沒有水也能繁殖的生殖系統時，蛋就出現在這世界上了——就是因為有蛋殼的存在，才能避免胚胎的水分蒸發殆盡。暴龍在六千五百萬年前就產下了蛋，而現代的雞正是如今地球上與暴龍血緣最相近的動物。[3]

就生物學而言，鳥類的蛋其實是非常聰明的設計，蛋裡面包含了胚胎發育所需的所有元素，不僅按照胚胎逐漸成熟的需求順序排列，還有防腐效果。蛋源自於母雞的卵巢深處；鳥類雖然也有兩個卵巢，但通常只有左邊的有繁殖能力。成熟的卵子會在卵巢中形成胚盤（germinal disc），胚盤上會有鳥類將傳至下一代的基因。母雞的胚盤不算太小，人類光靠肉眼就能看見；將雞蛋打進碗裡，過了幾秒後就能在卵黃頂端看見一個小白點浮現，那就是胚盤。說到卵黃，那就是雛鳥在蛋殼中的食物來源，只要把煮熟的蛋對半切開，就能看出卵黃的整個構造是以胚盤為中心向外擴展出的同心圓。各位只要仔細觀察，會發現以胚盤為中心的卵黃每一圈都是明暗不一的黃色調。卵黃對蛋來說非常重要，從其占整顆蛋的分量，就可推估出雛鳥孵化當下的發育程度，卵黃愈大，孵出的子代就愈成熟。例如北方鰹鳥（northern gannet）的卵黃比例相對較小——大約是整顆蛋的百分之十五，因此北方鰹鳥剛孵化的雛鳥全身無毛、弱小且尚未具備視力；至於南方褐鷸鴕（southern brown kiwi）就不一樣了，母鳥產下的卵有百分之七十都是卵黃，因此會孵化出早熟（precocial）的雛鳥，剛孵化的南方褐鷸鴕全身已長滿羽毛，不僅能夠到處跑還會自己進食。不過這可就苦了鳥媽媽了，南方褐鷸鴕的卵在臨盆之際可達親鳥體重的五分之一，如果以人類的比例來看，那就好比從陰道生出已達幼兒階段的寶寶一樣。

不過無論卵黃是大是小，只要一成熟就會進入輸卵管，輸卵管的形狀就像一條蛇，開口直接對著卵巢，精子會在輸卵管上半部使卵子受精。以人類的角度而言，接下來的事情就怪了。人類的繁殖過程都是一對一進行，每個月裡有幾天的時間卵子會進入子宮，而這時如果來了一顆精子，就能使這顆卵子受精。相較之下，雞的生殖機制則有些奇異；首先，雖然我們把陰莖俗稱為雞雞（cock），但公雞其實根本沒有雞雞，而是只有泄殖腔（cloacae）這種構造。除此之外，公雞與母雞的泄殖腔作用也各不相同。泄殖腔一詞在拉丁文的意思就是下水道，在描述此器官的各種方式當中，我最喜歡podcast節目「科學世界」[ii]（Ologies）主持人艾莉．瓦德（Alie Ward）的說法，她說：「泄殖腔就像史提夫．賈伯斯（Steve Jobs）設計的iPhone home鍵一樣，只不過他設計的是按鈕，大自然設計的是生殖用的孔洞；這小小一個孔包辦了多項功能，包括產卵、排泄，還有限制級的感官歡愉。」[4]公雞和母雞會將彼此的泄殖腔頂在一起，此時公雞便會將精子射進母雞的泄殖腔。對人類的生殖過程來說，這個階段便是一場精子間的競賽，只有佼佼者才能夠過關斬將抵達子宮使卵子受精，但對鳥類來說則不然，母雞會將精子儲存在體內長達兩至三個星期的時間。（火雞能儲存精子的時間則更長——長達五週。）過了適當的時間，母雞便會將儲存在體內的精子——而且是許多精子——送到輸卵管裡已經成熟的卵黃上。因此，鳥類以及某些鯊魚和兩棲類動物的生殖方式都是多精入卵（polyspermy），在這些動物的生殖過程中，必須靠多個精子使單個卵子受精，才能夠成功產生出胚胎、孕育新生命。然而，目前科學家依然不知道這種生殖方式背後的確切原因。鳥類很少生出未受精卵，唯有一種情況除外：人類養殖的蛋雞，目的就是為了獲得牠們的未受精卵。

無論受精與否，卵黃一進入母雞的輸卵管，其體內的腺體就會分泌出卵白（也就是我們所說的蛋白）並附著在卵黃四周。我們一般都將這些物質統稱為「蛋白」，好像那全是同一種東西一樣，但母雞的卵白其實分為四層。最內層的濃稠白色物質是一層包覆著卵黃的薄膜，再加上兩條繩狀的繫帶（chalazae）負責將卵黃分別連接到蛋的鈍端與尖端，蛋黃才能夠好好懸掛在整顆蛋的中心。再往外則是小小一層較為鬆散的物質，也就是每次我在煎最不擅長的太陽蛋時，都要等超久才會凝固、轉白的那個部分。把蛋打到平底鍋裡，占據最大面積的就是卵白當中最明顯的兩個部分——比較濃稠的那部分在煎蛋過程中基本上不太會流動，同時會隨著加熱慢慢凝固成形，至於最外層比較稀的那些物質則會在鍋子裡散開，形成薄薄一層蛋白。我們可以從前者的濃稠程度看出蛋新鮮與否；蛋只要放在冰箱裡愈久，蛋白就會有愈多濃稠的部分變稀。

ii 譯註：節目名暫譯。

這些卵白其實就是大自然中最出色的演化設計，同時還具備好幾種功能，不僅能夠為發育中的胚胎提供緩衝，還承載著胚胎成長過程中所需要的水分。對於那些想要入侵卵黃的微生物來說，卵白像是圍繞在中世紀城堡周圍的護城河，成為外敵難以侵犯的巨大屏障。雖然卵白是一種富含蛋白質的物質，但微生物卻難以把生卵白當作營養來運用；神奇的是，卵白還含有多種可抵抗有害微生物的物質，能夠消滅細菌並抑制細菌滋生。而這些物質當中有一部分要在微熱的溫度環境下才能發揮最佳效果，這裡指的微熱，便是鳥媽媽的體溫。[6]

卵白與卵黃一起進入輸卵管後，整顆蛋外面就會產生由兩層網狀的角蛋白（keratin）所構成的蛋殼膜。剝過水煮蛋殼的人應該都有過這種經驗，那就是一層要不是黏在蛋殼內部，就是包覆在蛋白外面的薄膜，得要把這層薄膜撕開，才能吃到光滑無暇的蛋白。也因為有了這層蛋殼膜，蛋才不會散開，同時也能夠形成網狀屏障，避免微生物進入蛋裡。不過，在親鳥產下蛋以後，蛋殼膜就會收縮，繼而在蛋的鈍端形成氣室。藏在蛋殼底下的這個小小氣室剛好就位於雛鳥即將發育出頭部的位置，因此雛鳥一孵化就會戳穿蛋殼膜以吸入氣室裡的氧氣，這麼一來，雛鳥就能爭取到幾個小時的時間，讓肺部開始正常運作，慢慢破殼而出。許多鳥類的雛鳥都有破殼齒（egg tooth）這種構造，這是一種位於鳥喙尖端的小小凸起物，雛鳥會在準備孵化時用破殼齒刺破蛋殼膜、戳破蛋殼。另外，聰明的人類還可以靠氣室來判斷蛋新鮮與否；無論是否受精，蛋只要放久了就會慢慢失去水分，氣室也會隨之擴大。各位可以拿碗水把蛋放進去，看看它是否會往下沉，假如蛋的鈍端浮起來，或甚至是整顆蛋都浮出水面，你就知道這顆蛋已經不新鮮了。

有了蛋白膜包覆卵白與卵黃以後，母雞體內的特殊腺體會再為蛋裹上一層蛋殼。這層堅硬的鈣質外殼能夠保護胚胎，不僅能避免蛋被親鳥壓扁，還能控制蛋殼內外的氣體交換。蛋殼上也有許多小孔（在靠近雛鳥頭部的鈍端小孔量更是多），氣體通過這些孔才能順利進入，而生物代謝過程中蒸散出的代謝水（metabolic water）也才能夠排出。除此之外，雞竟然也能探測出空氣中的氧氣濃度——在緯度愈高的地方，雞生下的蛋就會有愈多孔洞，藉此適應空氣較為稀薄的環境。

再外面一層就是色素層了。不同種的鳥類各自會產下外殼顏色五花八門的蛋：白色、淺黃色、米色、紅色、棕色、黑色、綠色、藍色。就目前科學家研究所知，這些各式各樣的顏色其實都僅由兩種色素組成：負責產生紅棕色調的紫質（porphyrin），以及組成藍色調的膽綠素（biliverdin）。根據鳥類學家提姆．柏克海德（Tim Birkhead）的著作《世界上最完美的物件：鳥蛋》（*The Most Perfect Thing*），鳥類產卵之前，子宮內的腺體會像噴槍一樣，一邊隨著蛋準備離開鳥類體內慢慢旋轉的過程，一邊為蛋殼的表面噴上各種色調。因此鳥類剛產下的蛋表面都相當濕潤，用手一摸還可能會把蛋殼上未完全乾透的色素抹糊。[7]

不過在整顆蛋最外層的，其實既不是蛋殼也不是色素層，而是蠟質的角質層。某些物種的蛋殼角質層會形成極微小的球體，連水滴都無法穿透，也因此為蛋殼產生了極好的防水效果。這層角質層是蛋用來抵禦外界微生物的第一道防線。在美國，因為這層角質層會沾上農舍環境裡的各種碎屑，提高沙門氏桿菌感染的風險，因此大型蛋商都會在販售雞蛋之前先洗去最外面的角質層。但也因為蛋的第一道微生物防線被去除了，這些雞蛋就得放進冰箱裡冰存，以避免細菌滋生。至於在世界上其他沙門氏桿菌感染率較低的國家，由於雞蛋在販售時依然保有最外層的角質層，所以可以直接放在廚房檯面上等室溫環境保存。

鳥類會把自己最完美的傑作貯存在各種地方：裸露的岩石上、鳥巢裡（無論是自己的還是其他鳥的）、洞穴裡。牠們也會用不同方式孵蛋：用肚子、用腳、用腐敗的植物、用太陽或火山加熱過的沙子。新生命所需的一切，就這麼牢牢鎖在這精巧、便利又潔淨的小小空間裡。蛋，就是一個藏在蛋殼裡的小宇宙。

我與蛋的關係，可說是喜憂參半。憂的那一半，是因為我有癌症家族病史，而可能形成病灶的，正是我體內曾有過的那些卵子。我母系家族的多數女性若不是死於乳癌或卵巢癌，就是會為了預防癌症發生，乾脆直接先切除這些器官。雖然我現在寫起來好像很輕鬆，但千萬別誤會了，我和家人都曾眼睜睜看著摯愛親人因癌症而痛苦死去，或者因為救命的治療方式而須一輩子承受副作用帶來的折磨。知道自己因為基因遺傳的關係，很容易在年輕時得到高侵略性且很可能致命的癌症，實在為我們家族多數的女性帶來了足以扭轉人生的恐懼感。在我母親與祖母那兩代，她們便出於恐懼而決定直接進行切除手術。畢竟只要沒有了那幾個器官，癌症還能在哪裡作祟呢？

到了一九九〇年代，研究學者才發現我母系家族成員的BRCA1基因有遺傳性基因變異，正是這項突變大大提高了我們罹癌的可能性。到了我這一代，與其慢慢等著癌症上門，我們決定先行一步直接做基因檢測。我在二十七歲那一年做了簡單的血液檢測，便發現自己和母親一樣有變異的BRCA1基因（我媽說那是她人生最悲傷的一天），於是便在醫師建議下立刻安排了雙乳切除手術。至於卵巢切除手術則暫緩，等到生下孩子後再說。然而腫瘤科醫生還是告訴我，有鑒於我的家族病史——在擁有

BRCA1突變基因的族群中，我們家族的病史也稱得上慘烈了——她還是建議我在四十歲以前切除卵巢。這就是我與蛋的關係當中，令我憂慮的那一部分。

但是我與蛋之間卻也同樣有著使令我喜悅、著迷的關係。進行卵巢切除手術的那個十二月，我和父親一起煮了超過二十種蛋料理，完成一系列的實驗。出於各種原因，總之我們就是一起烹煮雞蛋。一方面是因為我剛做完手術，他想表達對我的愛與關懷，而我也想反過來讓他知道我很好；再加上二〇二〇年的COVID-19疫情爆發，大家都陷入一種近似瘋狂的狀態，所以我和家人決定透過廚房來旅行，藉由不同的蛋料理進入其他時空。於是我們把蛋放進凝膠狀的肉凍裡，這就是「前往法國一遊」；又去了中世紀的義大利，在玫瑰糖漿裡燉蛋黃；接下來又旅遊到中國，我們一起把蛋蒸出了令人讚嘆的絕妙質地。烹飪一直以來都是我和父母關係之間的橋樑，而我父親又熱愛追求各種稀奇古怪的知識，這是最令他痴迷的事，因此廚房對我們來說都是最熟悉的場域。

小時候，母親因為癌症有時候不得不離家進行療程和休養，此時的我和父親便會在廚房拉近彼此的距離。在廚房中，我們可以暫時分心、忘卻煩憂，同時找回一點對生命的掌控權，即便只是掌控一顆水煮蛋也好。是父親為我們的關係想出了這個點子，他說他當時這麼想：「身為有個小女兒的父親，最難的就是該怎麼跟她拉近關係才好，而妳也知道，我是我們家最愛煮飯的人。」不過一直到我八歲，開始在每週六早上到育樂中心上游泳課以後，父親才真正開始教我烹飪。每次游泳課結束後，我就會帶著期待的心情向爸爸學怎麼做早餐，每週我們都會烹煮不一樣的菜色。我們做了煎蛋、炒蛋、水煮蛋，然後把這些蛋鋪在法式吐司上，就成了我家特製的蟾蜍在洞[iii]（toads in the hole）。另外，我們也用蛋做出一片片鬆餅。爸爸允許我犯錯——每一次錯誤都成為學習的機會，讓我了解人生的每一次選擇都至關重要，而我該為自己的選擇負責。

以前我根本不愛吃蛋，說到蛋就讓我想到自助餐中已經被保溫盤蒸得老到不行的炒蛋、復活節用來做彩蛋的那種臭水煮蛋，或是煎蛋裡那顆總是會流出來污染我的鬆餅的流心蛋黃。在我爸小時候，他的父親也會在鬆餅日——也就是每週六——在他疊得高高的鬆餅上放顆煎蛋。我爸雖然識破了祖父要讓他吃蛋的用意，卻還是乖乖吃掉了，久而久之，他也就學會欣賞這種鬆餅跟蛋混著吃的美味。他也嘗試用同樣的方式潛移默化我的口味，但我可沒那麼容易投降，我一直以來都堅持煎蛋一定要**放在鬆餅旁邊**。為了強調自己的不屑，我還會故意只吃蛋黃外圈那軟軟的煎蛋白，蛋黃本身我是碰也不碰。於

iii 譯註：蟾蜍在洞（toads in the hole）是一道英國菜，會在約克夏布丁裡放好幾條香腸。而文中作者與父親做的版本便是把約克夏布丁換成法式吐司，香腸換成蛋。

是爸就會說：「你真的不吃嗎？那是蛋最好吃的部分喔。」如果我還是拒絕，爸爸就會幫我把蛋黃吃掉。

在我家，沒有什麼「討厭就是討厭」某種食物這種事。我爸堅信，對某種食物的喜愛要靠慢慢浸淫、薰陶來養成，所以他認為我其實並不討厭蛋，只是還沒品味出蛋的美好而已。雖然我實在很不想承認，但爸爸說的沒錯。他用祖母做的小陶杯裝溏心蛋給我吃，在我喜歡的馬鈴薯沙拉裡偷渡水煮蛋，還讓我嚐對他來說是整盤鬆餅裡最美味的那一口——沾了蛋黃的那一角。不用多久，我開始會自己把整顆煎蛋吃掉，直接把流質的蛋黃吞下肚，結果我就這樣不知不覺愛上了大部分的蛋料理。不過我依然無法忍受擺在蒸盤上加溫的炒蛋，或餐廳裡那種煎得微焦的歐姆蛋。我實在不知道要靠多少暴露療法[iv]（exposure therapy）才能讓我接受這兩種菜色，或許永遠走不到那一步也說不定。

就在爸爸試著讓我習慣新食物的同時，他開始教起我做早餐。他提議一起來做實驗，想辦法煮出最完美的溏心蛋。於是某個週六我游完泳回家，就發現流理台上有大概四、五個蛋盒。我們以六十秒為一個間距來逐一煮蛋，控制組是那顆沒煮過的生蛋（烹煮時間零秒），而最極限就是全熟的水煮蛋（烹煮時間十二分鐘）。煮好以後，我們將這些蛋一一排列在貼了標籤的蛋盒裡。我們拿起奶油抹刀敲開蛋的頂端，窺視裡面黏糊糊的卵黃與卵白。對我爸來說（我當然也受到他的影響），最棒的溏心蛋應該要有剛剛轉為不透明的稀薄蛋白，而蛋黃則必須完全呈流體狀態。於是我們確定了最完美的時間點大概就落在三到四分鐘之間，接著再繼續實驗，想要把這個時間範圍縮小到以「秒」來計的精確度。

到了下個週一，我飛奔下樓，準備要和爸爸一起再做一次快速上菜的完美早餐。幾分鐘後，我把自以為烹煮得恰到好處的那顆雞蛋放在吐司上，然後用刀子劃開雞蛋的鈍端。結果，一坨幾乎完全清澈、質地就像鼻涕一樣的雞蛋流了出來。各位應該可以想像得出當時我小小的臉上寫滿了失望。

各位親愛的讀者，這正是讓我學到實驗條件有多重要的人生經驗。在週末進行水煮蛋實驗的時候，我們用的是擺在室溫下的雞蛋，而在兵荒馬亂的週一早上，雞蛋卻是才剛從冰箱裡拿出來。關於烹煮完美雞蛋的第一課：煮雞蛋講求快狠準，所以烹煮的起始溫度很重要。

從那次以後，我們一直維持這種在廚房做各種烹飪實驗的習慣。雖然不是每次都以

---

iv 譯註：一種治療焦慮症的行為療法，將焦慮者暴露在焦慮源或其背景下，但前提是不打算造成任何危險，認為這可以克服焦慮或減輕痛苦。

蛋為主題，但我們總是玩得很開心。在和爸爸一起下廚的同時，我們也會暢聊生活裡的各種瑣事——我的朋友、興趣、愛好。而在我脫離了總是以自我為中心的童年後，我開始一點一點更了解爸爸。我發現，他的律師工作必須結合研究與寫作兩種能力；然後他對於小喇叭的熱衷程度一點也不輸烹飪，因此可以就喇叭吹嘴的差異滔滔不絕；除此之外，他也對哪一版的莎士比亞錄影帶最讚如數家珍。即便是到了現在，和爸爸一起煮飯依然是我向他汲取父輩意見的珍貴時光，他會讚美我兒子，或試著引起我對各種神祕烹飪實驗的興趣。廚房就像我們的私人俱樂部一樣，而每一次的實驗就是要踏進這個空間的入場費。

在二〇二〇年的秋天到來以前，我從沒想過和爸爸的廚房小聚在我生命中竟占了如此重要的位置，那時我才剛切除卵巢，失去了體內的所有卵子，而這一切都是為了避免步上我母系家族罹癌命運的後塵。當時COVID-19疫情橫掃全球，感覺全人類都跟我一起陷入了醫療的深淵裡難以脫身。於是像我這樣有時間、有餘裕、能夠溫飽的人，便退回居家生活的防護罩裡，直奔廚房尋求慰藉。

不過，這本書要談論的主題不僅僅是廚房裡的雞蛋而已。在此想要關注的是，充滿創意的人類會拿世界上最大的細胞構成分子——也就是蛋的蛋白質——來做些什麼？還有這一切代表了什麼意義、彰顯了哪些權力關係?本書談論了宇宙的漏洞、受壓迫族群的聰明才智、人容易癡迷的天性。而我也嘗試透過寫作這本書,了解在切除卵巢的那一刻,自己同時失去了什麼。我嘗試透過書寫,思考這種有深刻象徵意涵、又對新陳代謝有重大影響力的物質代表著什麼意義。同時,我也透過各式各樣關於蛋的故事,在不同時空遊歷來去。

那麼現在,就請各位讀者放鬆心情,一起到我的廚房坐坐吧。打開蛋盒,好好瞧瞧裡面那打完美又變化多端的蛋。

第一章　宇宙蛋

在所有可以用來象徵世界的事物當中，蛋大概是最原始的象徵符號了。不管是從印度到芬蘭，從馬利（Mali）到日本，或者從大溪地到希臘，抑或是在這些地方以外世界的各個角落，蛋在古老神話中出現的次數多得驚人。在神話故事裡，蛋就是萬物起源、是承載一切的容器；蛋一打開，就冒出了全世界。也因為這是在各種神話故事中一再出現的共通主題，學者將其命名為世界蛋（World Egg）或宇宙蛋（Cosmic Egg）。

這些關於世界起源的神話傳說各有不同。不過共通情節通常都是蛋被打破以後世界便從中冒了出來，例如芬蘭的神話《卡列瓦拉》（*Kalevala*）便是如此。十九世紀的語言學家埃利亞斯．倫羅特（Elias Lönnrot）在芬蘭旅行並蒐集各種民間口耳相傳的傳說故事與詩歌，後來在一八三五年將這些蒐集來的史料彙整出版，這便是世人所熟知的芬蘭史詩《卡列瓦拉》。

就像大多關於世界起源的傳說，《卡列瓦拉》開門見山描述了一片寂靜的原始水域，有隻美麗的鴨子飛過水面，想尋找適合築巢的地方。（不過這也同樣引發了到底是先有雞還是先有蛋的疑問。）水源之母（the Mother of Waters）正是原始湯[i]（primordial ooze）的化身，她將腳抬到了海浪上，讓這隻美麗的鴨子有地方棲息。鴨子生下了六顆蛋，一共有五顆金蛋和一顆鐵蛋。水源之母孵了三天的蛋，直到腿上的鴨子和蛋開始發燙，燙得她難以承受。為了緩解熱度，水源之母只好抖了抖腳，於是蛋便從她腿上掉了下來、裂開。這則故事的其中一個翻譯版本如下：

蛋遂隨之沉入海洋
重擊海底徹底粉碎
在深沉無垠的海水中
卻未消失於沙土之間……
轉化，轉化為不可思議的美
所有碎片合而為一。[8]

i 譯註：科學家於二十世紀提出的假說，描述太古之初的世界就像充滿了各種化學原料的一鍋湯，而第一個細胞便是由此誕生。

海水豐饒，於是原本已摔得粉碎的蛋又結合起來。蛋殼碎片融合成兩大片，上半部形成了拱頂一般的天空，下半部則化為大地。蛋黃變成了太陽，蛋白則成了月亮，那些「色澤暗淡的部分」成為雲朵，至於蛋殼上的斑點則變成了銀河。水源之母為自己創造出的世界感到欣喜，便以跺腳、游泳的動作造出了整個世界的輪廓。不久後，她生下了一位年老的智者——維納莫寧（Väinämöinen），他在水面上漂浮了九年，接著開始在土地中播種，種下各種植物，完成創造世界的最後一步。以混亂的陰性能量為始，維納莫寧的陽剛能量讓前者的創世之舉趨於完整，這正是在宇宙蛋的故事裡反覆出現的主題。[9]

邦賈加拉（Bandiagara）高原的懸崖貫穿了馬利國土，直抵馬利與布吉納法索（Burkina Faso）兩國邊界，而多貢（Dogon）人就住在高原上及其周圍山崖。（我有幸在二〇〇〇年造訪邦賈加拉，在當地健行途中看見有些崖邊村落已遭荒棄，有些則開始出現人口聚集，不過後來內戰爆發，已無法前往旅遊。）阿瑪（Amma）是多貢文化中的至高無上者，多貢人雖以男性第三人稱「他」來稱呼阿瑪，但阿瑪身上卻同時有男性與女性的元素。多貢人的創世神話正是以阿瑪孕育的一顆蛋為始：宇宙搖動了這顆蛋七次，蛋裡面便因為這陣晃動而分化出兩個胎盤，兩個胎盤裡各有一對龍鳳胎。這兩對龍鳳胎也跟阿瑪一樣，雖然各自有男或女的明確性別，卻又都是同時有陰性與陽性體徵的雌雄同體之身。在這兩對雙胞胎當中，其中一人名為由魯古（Yurugu），他率先破殼而出，脫落的胎盤則變成了大地；後來他又回到蛋中尋找自己的雙胞胎姊妹，卻不見其蹤影，她在卵囊中的位置已被另一對龍鳳胎取而代之。此時由魯古便開始嘗試與自己的胎盤性交，卻毫無動靜。阿瑪則決定將剩下的那對雙胞胎送下人間繁衍後代，這便是人類的起源。照這個說法，人與人之間雖然有各式各樣的分別，但統統源自於同一顆宇宙蛋，也源自於同時是單性又是雙性的神祇。[10]

至於大溪地的創世神話中則是有名為塔歐拉（Ta'aora）的神祇，這次不是由神生下了蛋，而是塔歐拉住在於宇宙中不斷旋轉的蛋裡。塔歐拉破殼而出後便創造了世界；蛋殼成了天空的穹頂，而塔歐拉的脊椎與肋骨變成了山巒，他的肉成為大地的力量，手指甲與腳趾甲化為魚鱗，血則成為雨與彩虹。他也為這片大地上的所有生命賦予了蛋殼，他說：「女人是男人的蛋殼，因為有女人，男人才能降生於這個世界；而女人的蛋殼也是女人，因為她們也是由女人所誕育。」從這個角度看來，女人的身體好像就是一種人體宇宙蛋；我們女人除了自我的身分以外，又同時是下一代生命的載體。這種令人不安的緊張關係在人類歷史上以各種形式出現，屢見不鮮。女人半是主體，半是客體；既是身為獨立個體的人類，又是負責孕育脆弱生命的加護病房。[11]

從印度的《歌者奧義書》（*Chandogya Upanishad*）與《梨俱吠陀》（*Rig Veda*），到日本歷史上第二古老的書籍《日本書紀》（*Nihongi*）——關於宇宙蛋的主題貫穿了世界各地的古老文字紀錄。不管是斯拉夫還是中國的神話傳說裡，都有宇宙蛋的主題出現。蛋的象徵意義如此古老，甚至於在同樣有宇宙蛋神話傳說的古埃及文化中，每個女神的名字都包含了「蛋」的象形符號，而且連許多概念相互連結的符號（包括人類、生育、陰莖、孕婦、子宮、誕生，乃至於棺材——因為棺材正是包覆著等待重生的生命的蛋殼）也都包含了「蛋」的象形符號。[12]

這些古老神話都有共通的主題。蛋代表豐饒、有孕育生命的能力且通常為陰性的混亂、無序力量，而蛋要不是在故事的一開頭單獨出現，就是源自於一位身為女性或亦男亦女的創世神。至於蛋的各個部分也就成為構築出世界的元素：太陽化為蛋黃、蛋殼變作天空的象徵廣為流傳。某個身為男性或雌雄同體的創世神，通常會破殼而出，為原本混亂無序的世界帶來秩序，又或者這位神祇身上同時存在的陰性與陽性也可能透過性交來創造世界。

然而有趣的是，我生活周遭似乎根本沒人知道關於宇宙蛋的傳說。這實在太奇怪了，畢竟我的朋友幾乎都是會為各種故事著迷的人：困頓的兼任教授、作家、互動劇場設計師、初展露頭角的心理學家，還有許多擁有豐富內涵的人。小時候的我醉心於這世界上的各種傳說——有長達兩、三年的時間我都只讀這些故事——然而如今我卻想不起來自己看過任何關於宇宙蛋的傳說。宇宙蛋這種令人轉眼就忘的隱匿性質，正反映了蛋在真實世界上存在的狀態。蛋雖然無所不在，卻又同時被視而不見，就像女性所付出的勞務，又或者該說，就和女性身體的勞動在這世上通常面對的境況一樣。而我寫作本書，有部分目的就是為了使女性的勞動現形。

蛋是如此原始、神祕、古老的象徵符號，也因此它會出現在各種宗教及魔法的傳統儀式上，就不令人意外了。例如古羅馬人的生活就相當仰賴占卜，而生活在神所居住的天界的鳥兒，自然而然就成為為神界與人間傳遞訊息的信差。然而這對占卜師來說卻是個大問題：要一直死盯著天空直到有鳥群飛過，才能得到神的訊息供其解讀，這樣實在太過不便。與其這麼麻煩，還不如飼養一群聖雞，需要占卜時就可以立刻派上用場。進行占卜時，雞占師（pullarius）——也就是以聖雞占卜的祭司——會將食物擲進圈養聖雞的雞舍裡，再觀察聖雞的反應。假如牠們吃下食物，就代表吉兆；假如牠們不吃，則為凶兆；倘若聖雞甚至還逃開，則是大凶。但是可想而知，這種占卜方式讓雞占師有大把機會隨政治上的需求操縱占卜結果：只要把聖雞餓上好幾天，就可以輕鬆得到想要的好兆頭。[13]

古羅馬人會在任何可能需要的地方飼養聖雞，包括神廟裡、軍隊中、船艦上。第一次布匿戰爭（First Punic War）便發生了一次令人印象深刻的占卜事件。當時羅馬亟欲向南拓展領土，於是便與迦太基（Carthage）為了爭奪西西里島（Sicily）與非洲北海岸地區而接連大動干戈。當時是由兩位民主選舉選出的執政官治理羅馬，其中一位是來自羅馬極具影響力的古老家族——克勞迪氏族（Claudii family）的普布利烏斯·克勞迪烏斯·普爾喀（Publius Claudius Pulcher）；他最終便是因為對聖雞不敬而下場零落。西元前二四九年，普布利烏斯·克勞迪烏斯·普爾喀率領由一百二十三艘船艦組成的艦隊，準備在得雷帕納（Drepana）港發動奇襲。在艦隊出發前，他決定先請示神諭。結果聖雞拒絕吃下雞占師投擲的食物，普布利烏斯·克勞迪烏斯·普爾喀見狀乾脆將聖雞丟進水裡，還說：「牠們既然不吃，就到海裡喝海水喝個夠吧。」當時許多人都認為，這種不敬舉動必然引來可怕的後果。果然，聖雞可能都因為他這一丟統統淹死在海裡，而普爾喀也失去了九十三艘船艦與好幾萬名士兵。回到羅馬以後，普爾喀被判叛國罪並處以十二萬阿斯（as）的罰金；阿斯當然就是羅馬的青銅幣。[14]

只要有雞占存在的地方，想必一定也會有蛋占卜（oomancy）。莉薇亞·德魯莎

（Livia Drusilla）是古羅馬政客提比略・克勞迪烏斯・尼祿（Tiberius Claudius Nero）的妻子，她自從懷孕起便在胸部之間孵著一顆蛋，希望能夠預示自己即將誕育的是個兒子。這一招奏效了，她確實孵出了一隻公雞，也在西元前四十二年生下了未來的羅馬皇帝提比略・凱薩・奧古斯都（Tiberius Caesar Augustus）。至於在古埃及，墓穴牆上與泥版上所寫的古埃及象形文字中，也包含了許多與蛋有關的咒語，水手甚至會向陶土捏塑出的蛋祈禱出海一切平安。[15]

我不禁好奇，在現代的魔法儀式中，蛋是否仍然扮演重要角色？於是我找上了中學時代的朋友克莉絲汀・索勒（Kristen Sollée）；她不僅是女巫第二代，更寫了《獵巫：女巫的力量與迫害》[ii]（*Witch Hunt: A Traveler's Guide to the Power and Persecution of the Witch*）一書。而且她雖然小我一屆，卻毫無疑問比我酷多了。我們以前在學校都參加了無伴奏合唱團（a cappella，又稱阿卡貝拉），也同屬女低音第二聲部，雖然好幾年沒聯繫，她仍欣然答應協助我做研究，還寄了許多歷史資料與咒語給我，當中就包括了關於約翰・黑爾（John Hale）的資料。約翰・黑爾是麻薩諸塞州（Massachusetts）賽勒

ii 譯註：書名暫譯。

姆（Salem）的牧師，他在巫術議題上的意見隨著時間轉了個髮夾彎，立場前後不一。起初他在許多女巫審判上都站在「這些都是邪惡女人」的立場，指控了許多女性，後來卻又改採取較溫和的態度。從他過世後在一六九七年出版的《略論巫術本質》（*A Modest Enquiry into the Nature of Witchcraft*）一書中，便可看到他曾聲稱：「這些女人是受到惡魔的控制。」在書中，黑爾提出使用「惡魔的工具」的可憐青少女作為探討案例，而所謂惡魔的工具，其實就只是玻璃和蛋而已。這名少女只是想感受「未來丈夫的召喚。然而出現的卻是以棺材狀出現的惡靈。於是少女便不斷受到惡靈的侵擾，最後獨身一人死去。」黑爾在書中未曾詳述這名少女究竟是如何使用玻璃與蛋來施法——我猜他應該是不希望讀者模仿——但我實在需要更多關於「惡魔殺了她」的證據，而不是光看他空口說白話。我自己就曾是個青少女，因此我也不諱言這種預言未來伴侶的法術在青少女之間相當風行。年輕的時候，我們嘗試過紙牌、通靈板[iii]（ouija boards）、撕花瓣、蘋果核、汽水罐的拉環等東西當作預言工具。然而二十幾年過去，我們這些曾經的少女當中，根本沒人真的被惡魔騷擾到死，也許是因為我們當初沒有用放在家裡冰箱中的雞蛋吧。黑爾似乎還認為單身死去比死亡本身還要糟糕，我們卻不這麼想。[16]

無論如何，閱讀這種牧師的厭女言論實在讓我心頭火起，於是我便按照克莉絲汀從「女巫幫」（Hoodwitch）網站上轉寄給我的方法，嘗試用蛋進行淨化儀式（egg cleansing，又稱limpia）來改運。我並不迷信，而且還跟一個要看到實際證據才願意相信神確實存在的生物資訊學家結了婚。雖然我無法真正相信某些沒有證據也無法證實的信仰，然而我心中熱愛傳說故事的那個部分，卻讓我忍不住受到靈魂實際存在的信念吸引。說實在的，我相信的其實是儀式的力量，儀式確實能改變人的心理狀態，那種感覺就像是調整了我們腦內無法自主控制的部分。蛋淨化儀式源自於墨西哥與中美洲的古老魔法（不過其他地區也有類似的習俗），而Limpia這個字的意思就是「清潔」或「淨化」。克莉絲汀在信中寫道，蛋淨化儀式通常是簡化版本的蛋咒語，用意是在驅散負能量與疏通心理狀態。[17]

二〇二〇年的總統大選竟然花了整整一週的時間才宣布當選人，這段時間實在是折磨人，似乎正好是個嘗試淨化儀式的絕佳時機。當時疫情正嚴重，大家都在居家隔離，所以沒有任何熟知習俗的專家能夠手把手帶我操作，我只能仰賴克莉絲汀從「女巫幫」寄來的那些文字敘述了。我盡可能照著步驟做：用鹽水清洗一顆生蛋，在手裡握著這顆

iii 譯註：流行於歐美的一種占卜方式。通靈板為一張標有各類字母、數字、符號的木板，目的則為讓使用者與鬼魂對話。

蛋，同時冥想試圖淨化的事物——我想淨化的是干擾我寫作的大選負面氛圍。接著我在廚房、沙發、書房裡滾動這顆蛋。做起來真的比想像中還要難，因為我根本無法好好讓這顆蛋沿著直線滾動。最後我終於抓到訣竅，用拇指與食指夾住蛋來導引它的方向。蛋的外殼沾了鹽水，也因此黏起了我廚房流理台上、我坐著假裝在工作的那張沙發上的灰塵。接著我又走進書房讓蛋滾過鍵盤，螢幕上便出現了「fsaaazk']]jhf」的文字。這個法術的立意是讓蛋吸收空間裡先前留下的負面能量。用蛋滾完這些地方，我拿了個空碗，伴隨著令人滿足的敲擊聲，把蛋打進碗裡細細端詳。結果這顆蛋真的有不尋常的地方——它繫帶的數量是一般雞蛋的兩倍。一顆蛋的蛋白裡通常會有兩條繫帶負責將蛋黃固定在蛋的中央，我的這顆蛋卻有四條繫帶，難怪我整個人覺得這麼卡。於是我把所有阻礙跟蛋一起丟進了垃圾桶裡。無論你用什麼態度看待魔法，這個小儀式絕對是體驗設計的絕佳典範。在儀式的過程中，我首先得在腦海裡刻劃出渴望的結果，再來還要逐一檢視我希望改變真正發生的地點，並用新的方式與這些環境互動，接著敲開那顆象徵阻滯心理狀態大石的蛋，才算徹底完成所有步驟。我不知道到底有沒有用，但至少整個過程給我的感覺真的不錯。[18]

假如我們再深入一點探究宇宙蛋，就會發現許多關於科學、宗教、食物的傳統與習俗。我的叔叔亞倫．羅克（Alan Rocke）告訴我，蛋的神奇之處以及人類對蛋的想法，大大影響了原始的科學——煉金術。叔叔是凱斯西儲大學（Case Western Reserve University）的科學史榮譽教授，同時他也教食物史。他身材高瘦，蓄鬍、戴眼鏡，臉上總是帶著彬彬有禮的神情，不過玩起拼字遊戲（Scrabble）來可厲害得會讓你後悔向他挑戰。除此之外，他還是公認極小眾的有機化學歷史領域中首屈一指的世界級專家。他告訴我，對煉金術士來說，蛋就是生命之源，而也因為煉金術的最終目標是製作出「能帶來永生與康健的萬靈藥」，於是蛋成了具有無比吸引力的材料。從視覺層面而言，蛋黃是金黃色的，照亞倫叔叔所述，這便是蛋黃對煉金術士來說「帶有一些神聖特質」的原因。煉金術士會在蛋形燒瓶中攪動他們的實驗成果，而這個蛋形的容器也象徵著將宇宙融為一體的神祕載體。[19]

另外也有些現代科學家受到宇宙蛋概念的啟發。太空歷史學家喬登．賓（Jordan Bimm）博士是芝加哥大學（University of Chicago）的博士後研究員，他在與我通信時表示，對天體生物學家（astrobiologists）來說，地球生命的起源就是最熱門的議題。他也寫道：「其中一個熱門假說便是胚種論（panspermia），理論支持者認為，地球上的生命是透過流星與彗星承載，穿越太空而來到地球；對這些人來說，地球彷彿就是顆巨大的蛋！」究竟是否為真，目前還未有定論。[20]

敲開宇宙蛋，你就能做出以各種奧祕構成的歐姆蛋。蛋是一種無所不在的東西；地球上每片大陸、各種環境中，都有它的存在。不管是赤道地區的叢林裡，還是南極冬季的無盡暗夜之下，都有蛋的蹤跡。蛋是非常原始的食物，人類可以說是自從人類種族生命之始就開始食用蛋了。考古學家在澳洲找到了歷史可追溯回五萬年前的烤蛋殘跡；這些烤過的蛋來自鴯鶓和不會飛的牛頓巨鳥（*Genyornis newtoni*），牛頓巨鳥是一種高約兩公尺，重約兩百二十七公斤的巨大動物，看起來就像鴕鳥、鵝、恐龍雜交出來的生物。這些動物能夠生出如哈密瓜般巨大的蛋，後來因為被人類當作食用肉而趕盡殺絕。據我所知，蛋這種食物會如此大受歡迎的其中一個原因，就是因為幾乎所有動物的蛋都沒有毒性。世界上為人類所知的約一百萬至兩百萬種動物之中，有百分之九十九的物種是卵生動物；值得一提的是，其中只有少數幾種動物會產下有毒的蛋，所以我要在此提醒各位，千萬別吃杜父魚（saltwater cabezon）的魚卵，另外還有七種淡水雀鱔（gar）的蛋也不能吃。除此之外，各位也千萬要避開新幾內亞某幾種鳥類的蛋，其中包括了黑頭林䳭鶲（hooded pitohui）和藍頂鶥鶇（blue-capped ifrit），這兩種鳥類都會以有毒的潤羽腺分泌物包裹自己的蛋。簡單來說，蛋是隨處可得又極為安全的食物，也難怪飢腸轆轆的原始人類要拿它當午餐了。而人類的天性也不可避免地在食用蛋的同時，創造出許多關於蛋的習俗與禁忌。[21]

起初，蛋還只是季節性食物。各種鳥類（雞也包含在內）的繁殖週期會受到光線影響，因此大部分鳥類都會在春季及夏季產卵。假如在非當季的時間食用蛋，就代表吃的是舊蛋。蛋有各種保存方式，可能是以礦物油或蠟包覆，或是埋在鋸木屑裡，另外也可能經過水煮後再醃製，或是埋在鹽、生石灰、含有鹼液的黏土裡——如果想在非當季的時間吃蛋，就只能吃這些經特殊方式保存的舊蛋。不過根據《劍橋世界食物史》[iv]（*Cambridge World History of Food*）一書，其實世界上有許多地區的人習慣盡可能不食用雞蛋，「一部分是因為蛋被視為骯髒的食物（因為雞蛋源自於公雞的精液），一部分則是因為關於食物的禁忌（例如某些文化會有關於懷孕婦女及孩童的飲食限制），另外也有許多人認為把蛋吃掉是一種浪費，因為這麼一來就無法孵出小雞了。」蛋結合了各種有趣的文化價值，例如：節儉——把蛋留下來，以後才能吃到雞肉；對性的忌諱導致蛋成為上不了餐桌的食材；還有許多歷史悠久的關於孕婦該吃什麼、不該吃什麼的飲食限制。

iv 譯註：書名暫譯。

到了我祖母那個時代，大家都認為孕婦就該多吃蛋，於是祖母懷第一個孩子時便買了一整盤三十顆蛋。她把蛋直接擺在公寓裡的室溫環境下，原本與她同住的祖父當時因為第二次世界大戰而離家從軍去了。祖母的目標是一天吃一顆水煮蛋，不過到了月底，有些蛋都放到發黴了，她只好挑出那些沒發黴的部分將就著吃。我爸和他的兄弟姊妹到現在還常常開玩笑，說這大概就是大姊現在之所以這個樣子的原因。[22]

不管怎麼說，宗教不就是由一堆禁忌與格言所組成的東西嗎？規定世人該吃這個，別吃那個，該讚美這個神，不可以信那個神。然而這些禁忌卻也都會隨著時間而改變。例如，當今日本的人均蛋食用量長期名列全世界前三名，但令人驚訝的是，日本人民過去其實有很長一段時間並不食用雞蛋。十七到十九世紀，日本天皇因為佛教不可殺生的戒律，以及本土神道教把雞視為神之信使及黎明使者的信仰，多次頒布禁止食用動物的禁令，蛋也包含在內。根據擔任大阪國立民族學博物館（National Museum of Ethnology）館長的食物歷史學家石毛直道的論文，大多數日本人直到一五〇〇年代中期與歐洲人和傳教士接觸之前，一直都沒有吃蛋的習慣。然而在與外國人接觸後，便有部分日本人開始改信基督教並轉變飲食習慣，這時佛教僧侶卻發起公開活動，散布基督徒會喝小孩鮮血、都是食人族的謠言。（不過以我對教會措詞習慣的了解，這種說法其實也不算太誇張。）後來日本因害怕外國對於本土的影響，便在一六〇三年展開了鎖國政策，這項政策確實有效留下了國民——不僅日本人無法出海，外國人也只能在港口停泊。此政策同時也禁止國民食用馬肉及牛肉，不過偶爾吃吃雞肉還是可以的，雞蛋的食用量就此開始成長。不過一直到一八六八年結束鎖國，開啟明治維新以後，日本人才開始大量食用雞蛋。當時的日本知識分子認為，為了有能力與美國及歐洲在國際舞台上競逐，日本必得建立強大的正規軍，必須要有一支和西方士兵一樣靠吃肉、喝牛奶來強身健體的軍隊。根據石毛直道在論文中所寫，日本政府大力鼓吹人民食用雞蛋，「因為他們認為在飲食中加入雞蛋必能強健體魄、提升體力。」也許有能耐打破宗教禁忌的，就只有經濟或軍事上的急迫需求了。[23]

反觀猶太教，蛋一直處於肉與非肉的中間地位，這對於維持猶太教潔食（kosher）習慣的人來說很方便，因為蛋對於他們來說是素馨食物（pareve），可以跟肉一起吃，也可以與奶類搭配食用。春季有逾越節，而逾越節晚餐（Passover Seder）的餐盤上便會有象徵新生命的水煮蛋。記載了猶太教律法與傳統的《塔木德》（Talmud）中便詳述了禁止烹調食物的安息日能在什麼時機、用什麼方式食用蛋。研究猶太食物的歷史學家蘇珊・魏因加騰（Susan Weingarten）在她的論文〈塔木德中的蛋〉（Eggs in the Talmud）中解釋：

「除非確定蛋能在安息日之前烤好，否則不應在安息日前烤蛋。」因為有這樣的戒律，才會出現賽法迪（Sephardic）猶太料理：慢煮蛋（huevos haminados），也就是在爐上或烤箱裡用小火慢煮好幾個小時的水煮蛋（有時也跟其他食材一起燉煮）。[24]

當然了，我和爸爸對於如何煮出最好的水煮蛋已經頗有心得。我們煮過耗時一分鐘、兩分鐘、三分鐘、五分鐘還有十一分鐘的蛋，但竟然還有煮了十幾小時的蛋料理？這個時間長度實在超過我們之前煮蛋兩小時的最高紀錄太多（我們那次煮的是茶葉蛋，要把蛋浸在醬油與茶裡烹煮），那我們真是非得試試不可了。經過了好幾個小時的資料搜尋，我們選定了兩份食譜，一份來自猶太料理大師瓊・內森（Joan Nathan）的食譜書，一份則是食譜網站「賽法迪廚房」（Sephardi Kitchen）刊載的做法。我們同時製作這兩個版本的慢煮蛋。內森的版本要將洋蔥切片後與油一起加入水中，然後將蛋放進去同煮，等到蛋煮熟就把蛋殼剝掉，接著繼續燉煮，燉煮完成後，再把鍋中的水倒掉，重新起鍋炒菠菜。賽法迪廚房的版本則不會把蛋殼整個剝掉，而是在煮到一半時敲裂蛋殼，再把蛋放進加了咖啡、和紙一樣薄的洋蔥皮（為了煮出蛋的色澤）、大蒜與醋的水中燉煮。過了約七個小時以後，我們讓各自的另一半試吃成果——煮到變得十分易碎的蛋黃，以及口感堅實的奶油色蛋白，帶有一絲溫和卻明顯的鄉村風味。我們都比較喜歡內森的版本，因為照這份食譜煮出來的蛋口味較濃——很可能因為內森的食譜是要把蛋殼整個剝掉，而不只是把蛋殼敲開後繼續燉煮。另一個原因則是因為蛋只要煮超過兩小時，通常都已經乾到不行了，所以內森食譜中搭配的菠菜可以使蛋的口感更為濕潤。我爸在Facebook上發表了許多關於烹飪的文章，這次他也詳細記錄了煮蛋的過程，他寫道：「這道料理跟一般的水煮蛋差別不大。」按照這些步驟煮出來的蛋確實不難吃，但若不是為了宗教或情感上的需求，我們應該不會再嘗試。[25]

雖然塔木德將蛋歸類為介於肉與奶之間的食物，但中世紀的基督徒卻打從一開始就堅定站在將蛋視為「肉類」的立場。中世紀的基督徒一天到晚都在齋戒——禮拜三、禮拜五、待降期[vi]（Advent）、大齋期[vii]（Lent），還有其他各種節日。教徒在齋戒期間（差不多就占一整年的大半時間了）不能吃肉，只能吃魚。而這樣的戒律帶來的影響可想而知：吃魚吃到膩的信徒（其中也包括許多神職人員）開始努力尋找戒律裡可以鑽的漏洞。特別善於鑽研經典中各種修辭的人決定把海雀與海狸的尾巴都歸為魚類，畢竟海雀

v 譯註：題名暫譯。
vi 譯註：基督教教會的重要節期，慶祝耶穌聖誕之前的準備與等待期。
vii 譯註：基督教教會年曆的第一個節期，以守齋來為慶祝耶穌基督復活的復活節做準備。

大部分的時間都在海面上飄蕩，所以可以直接視為魚類，至於海狸的尾巴則大部分時間都泡在水裡，而且其實根本不怎麼好吃——不好吃，這不就是齋戒的重點嗎？所以海狸尾巴應該也可以吃吧。齋戒引發了對蛋的渴望，甚至還有人想辦法用杏仁奶製作素食版的蛋：將杏仁奶過濾後注入蛋殼裡烘烤，再用番紅花染出「蛋黃」的顏色，就能做出素蛋了。一直到了文藝復興時期，天主教才放鬆戒律，將蛋與奶也納入齋戒日可以吃的食物。[26]

從這些教義的漏洞就能看出，蛋本身就是一種矛盾的存在；它既是肉又非肉；蘊含生命卻又不是真正的活體；又有著在世界上無處不在，卻又不是人盡皆知的神祕起源故事（至少在美國是如此）。蛋是一種具備魔法、神祕學、宗教狂熱特質的東西，它不僅具有嚴肅的意義，其實也帶有某些滑稽的特質。

對我來說，蛋可說是我人生故事的核心，在爸爸的廚房裡也占有重要的一席之地。我用祖父的名字來為兒子命名，我祖父也是個熱愛在廚房做各種料理實驗的人。爸爸說，祖父「一直對某些食物——說具備神話意義好像又不太對，但總之就是帶有刺激感的料理——特別有興趣。」而這樣的食物可能是烤乳豬，又或許是高級的法式歐姆蛋。這種熱愛具史詩、神話意義的食物的意志接著便由我爸爸繼承，後來也傳承給我。過去每週六早上爸爸一次又一次教我做早餐的時光裡，他將自己與父輩的連結透過那些水煮蛋刻印在我心裡。隨著我慢慢長大，我們做的早餐也從水煮蛋進階為班尼迪克蛋加荷蘭醬，還有軟嫩的法式炒蛋與歐姆蛋。

蛋這種食材隨手可得，卻又能夠做出千變萬化的料理——我爸確實選了絕佳的經典食物來和我建立父女關係。而且蛋不僅便宜，煮起來又快，即便搞砸了也還是可以吃。這也代表我爸選了個理想的方式來教導女兒，而他教會我的也不僅有料理早餐的手法而已。和我爸一起做這些蛋料理，讓我學會了什麼是對自己負責。站在爐台前，我翻動著煎歐姆蛋的平底鍋，那個當下我具備的能力和技巧決定了最後成果的優劣。連續試做好幾個歐姆蛋以後，我了解了透過做中學、學中做快速上手的意義。我會嘗試改變小小的細節、透過試吃了解自己犯的錯誤，或者可能決定從頭再試一次，又或是將錯就錯，把失敗的成品做成稍微有點老但依然美味的炒蛋。用蛋製作料理有點像彈奏爵士樂：一旦掌握了基本原則，就可以將各種條件隨心所欲組合，成果通常不會太差。對我來說，這就是我人生的宇宙蛋傳說。我和爸爸在廚房裡自由自在敲開雞蛋，同時了解到爐台前的自己就是掌握料理成果的關鍵——我用爐火將平底鍋裡的一片混沌化為餐盤中具有矛盾意味的成品：有序卻又不那麼按部就班、黃澄澄如一彎新月的歐姆蛋。

第二章 尋蛋記

查爾斯・本狄雷（Charles Bendire）少校整個軍旅生涯都駐紮在美國邊疆偏遠的前哨地區，在那裡為自己的新祖國保家衛土。而為了克服遠離文明生活所帶來的寂寥，他開始研究鳥類與鳥蛋。一八七二年，本狄雷駐守於亞利桑那州，他在巡邏時發現了帶尾鵟（zone-tailed hawk）的蹤跡，並爬上高高的樹梢接近鳥巢。就在他摸到那稀有的帶尾鵟鳥蛋時，阿帕契（Apache）的偵察兵突然出現，開始對著他掃射。為了保護好不容易找到的鳥蛋，本狄雷別無選擇——他把蛋放進嘴裡含著，快手快腳從樹上爬下來，翻身躍上馬背一路奔馳回營。回到營地後，問題來了：剛剛的緊張情緒使他下顎肌肉緊繃到嘴巴無法張得夠大、吐出鳥蛋。要是別人，可能會決定乾脆把蛋打破拿出來就好，但本狄雷少校對鳥蛋的熱情異於常人，他命令手下必須將鳥蛋完好無缺從他嘴中取出，不然就等著面對軍法審判吧。士兵無計可施，只好把少校的嘴撬開來取出鳥蛋，在過程中犧牲了一顆牙齒。本狄雷對鳥蛋的癡迷與狂熱從未消退，後來甚至還因為他蒐集的鳥蛋而成為美國國立史密森自然歷史博物館（Smithsonian National Museum of Natural History）的榮譽館長。他一路以來蒐集的八千件鳥蛋殼藏品，便為美國國立史密森自然歷史博物館的鳥蛋學相關館藏打下了堅實基礎。[27]

癡迷於蛋的人遲早都會變成別人眼裡的怪胎。我自己就寫了一本以蛋為主題的書，這話從我嘴裡說出來好像有點好笑，但我是說真的。有些人——而且永遠都是男人——真的會為了尋找鳥蛋而不惜跑到世界盡頭。十九世紀，專門研究各種鳥蛋的鳥蛋學（oology）是在男孩間廣為流行的興趣。研究鳥蛋學比蒐集香菸卡[i]來得健康，而在維多利亞時代蒐集各種鳥類的蛋殼就彷彿現在蒐集寶可夢的風潮一樣，關於這個主題的各種雜誌也紛紛出籠，其中就包括了專為兒童出版的《小小鳥蛋學家》[ii]（*Young Oologist*）。這個世界上有數千種鳥蛋可供蒐集，難怪有些男孩直到長大後還依然深深著迷於蒐集鳥蛋。在這些人當中，許多人是為了鳥蛋的美麗而忍不住一再收藏。大自然在鳥蛋殼上揮灑了各種細緻色彩，從藍色到綠色，還有棕色、紅色，甚至白色，質地則是亮面或霧面

i 譯註：自一八七五年始自一九四〇年代左右，香菸製造商都會在香菸包裝中放入香菸卡，一方面是為了使香菸包裝更結實，一方面也是要讓大眾為蒐集卡牌而購買香菸。

ii 譯註：雜誌名暫譯。

不一。有些鳥蛋整顆都是同一種顏色，有些會布滿各種斑點或線條。無論如何，這些蛋都美得令人屏息。現代研究學者發現，人類大腦或許與生俱來就有欣賞蛋之美的能力。心理學家在二〇一〇年至二〇一三年之間運用磁振造影（MRI）觀察人類受試者大腦在觀賞藝術品及建築時的腦內活動，而這項研究發現，曲線與橢圓形——蛋正好符合這兩種標準——能夠為大腦帶來愉悅的刺激反應。在維多利亞時代，有些鳥蛋收藏家專門蒐集世界上某些特定地區的鳥蛋，然而對另外一部分的收藏家來說，研究鳥蛋學的最高標準就是要蒐集同一隻母鳥一生中產下的每一顆鳥蛋。海鳩（guillemot）是一種棲息在懸崖上的海鳥，產下的蛋不僅是漂亮的梨形，更有各式各樣的色彩，且每一隻母海鳩產下的鳥蛋殼上都有獨一無二的棕色線條，因此成了收藏家為之心醉的終極目標。[28]

除此之外，想蒐集鳥蛋還得要具備十八般武藝才行。首先就是要有敏銳的觀察力，才能夠在大自然中發現特定種類的鳥兒，並一路追蹤牠們的行蹤、找到鳥巢。整個春天裡，也只有短短幾天的時間能夠蒐集鳥蛋；假如過了取走鳥蛋的最佳時機，就無法靠工具把鳥蛋黃吹出來，而是得用酸來溶解鳥蛋中的胚胎了。此外，想要研究鳥蛋學，同時還得具備靈敏矯健的身手。除了得嚇走親鳥以外——近距離接觸猛禽母鳥的危險無疑令人生畏——還有可能要攀爬大樹或從懸崖垂降。

然而每年一到春天，還是有許多熱衷於蒐集鳥蛋的人不顧性命危險勇往直前。法蘭西斯．J. 貝特維爾（Frances J. Britwell）就實在禁不住對蒐集鳥蛋的癡迷，即便是到內華達山脈（Sierra Nevada）度蜜月時也不例外。他奮不顧身爬到一棵高聳的松樹上接近鳥巢，卻一不小心滑落，直接被自己用來確保安全的攀爬繩纏住脖子，在新婚妻子面前被活活勒死。這些鳥蛋收藏家同樣也得面對槍枝帶來的死亡威脅，畢竟如果想要準確辨識鳥蛋種類，最直接的方式就是直接連親鳥一起獵殺當作收藏品的一部分。然而槍枝卻可能置人於死地，也可能造成槍傷，使人感染而身亡。慕尼黑大學（University of Munich）的約翰．瓦格勒博士（Dr. Johann Wagler）便屬於後者，他在蒐集鳥蛋時不小心射傷了手臂，獵鹿彈造成的傷口後來不幸感染，最終他死於敗血症，得年三十二。至於那些逃過子彈威脅的收藏家，接下來便會將鳥兒的毛皮製作成標本，以供研究用途。各位可以想像以下畫面：鳥兒被剝下的毛皮既沒塞入填充物，也沒被擺出活靈活現的動作，只是一排排雙腳朝上被放在檔案櫃的抽屜裡。製作標本的過程也有潛在危險：鳥類標本收藏家在剝製鳥類毛皮的過程中會使用到砷（arsenic），因此製作的標本愈多，中毒的風險也就愈高；砷中毒可能會造成食欲衰退與舌頭潰瘍，甚至可能致死。至於在陡峭的斷崖上尋找鳥蛋，則很有可能會掉入海裡，不管是撞擊到海面還是溺水，都有喪命的危險。也有來自歐洲的學者為了蒐集鳥蛋前往遙遠的異域，卻因此感染陌生疫病或與憤怒的當地居民發生衝突。例如亨利奇・馬克洛博士（Dr. Heinrich Macklow）就召集了六位自然學者組成隊伍前往異國蒐集鳥蛋，過了五年，其中有半數成員死於黃熱病（yellow fever）；到了一八三二年，更有東爪哇（Eastern Java）的華人直接燒毀馬克洛的居所，雖然他在火災中倖存，但幾天後又與其他人集結成群、一意復仇，卻反遭當地人用矛刺死。我擅自想像了當地人的想法：「這群白人到底有什麼毛病，肆意踐踏我們的土地還殘殺動物？」[29]

而這些鳥蛋學家蒐集到夢寐以求的蛋以後，就要開始做手工了。他們會在鳥蛋的鈍端鑽出小小的洞，插入比這個孔徑再更細一點的吹管，然後吹氣形成壓力將蛋裡的蛋黃和蛋白統統逼出來。我試了幾次，想用這種方式把蛋吹乾淨，卻發現實在不簡單。要靠吹氣逼出鳥蛋裡的所有蛋黃和蛋白，需要的氣力比吹起一顆很厚的橡膠氣球還要大。光是吹出鳥蛋裡大約四分之一的內容物，就搞得我頭暈腦脹、氣力耗盡，更別提這過程有多噁心了——蛋黃和蛋白沿著金屬管往下流，一路滴到你的手上、桌上或碗裡。清空蛋殼裡的東西以後，要用注射器往殼裡注入大約半滿的清水，搖一搖以洗淨裡面的殘餘物，重複這幾個步驟直到流出來的水變得完全清澈為止。最後，要把內裡已空無一物的鳥蛋殼以吹氣洞朝下的方式，安放在能夠吸收水分的玉米粉上，使之完全乾燥。本狄雷上校擔任史密森自然歷史博物館館長期間展出了個人的收藏品，而他處理鳥蛋的方式也蔚為風潮。大部分的鳥蛋收藏家都會用筆芯柔軟的鉛筆在整理乾淨的蛋殼小孔附近寫下收藏日期、整組鳥蛋的數量等細節。許多收藏家也會在日誌或標本紀錄卡詳載與該收藏品有關的資訊。他們會在運送之前以棉花好好包覆這些處理妥當的鳥蛋殼，並且通常會以裝了隔板和特製玻璃蓋的雪茄盒展示。[30]

不過在展示收藏品之前，得要先找到可供收藏的目標才行。另外，也不是每一趟尋蛋之旅都只是為了取得鳥蛋殼而已，有時候連裡面的胚胎也是目標。這些旅程當中，當然也包括了這世界上最不可思議的探險之旅。這趟不尋常的探險旅程在一九一一年最黑暗的一天——六月二十七日，自南極洲的羅斯冰棚（Ross Ice Shelf）展開。三位探險家勇敢踏進南極的無盡黑暗尋找未知的事物，同時也希望順道採集皇帝企鵝（emperor penguin）的胚胎，以釐清關於達爾文學說的爭議。如今我們對於這趟探險的了解都來自其中一位探險隊成員——阿普斯利・切利－加勒德（Apsley Cherry-Garrard），大家都叫他「切利」。羅伯特・法爾肯・史考特（Robert Falcon Scott）上尉組織了新地探險隊（Terra Nova），目標是找到南極點，而切利正是其中一員；然而這趟旅程最終卻成了一場悲劇。切利有錢有閒、熱愛旅行，以往總是搭著郵輪四處旅遊。因為他的個性開朗，探險隊的大家都叫他「快樂切利」（Cheery）。由於與探險隊裡的科學官有私交，再加上貢獻了大筆的資助金，切利才勉強得以躋身探險隊員的行列。史考特上尉原本拒絕讓切利加入，然而切利並未因遭拒而撤回他資助的研究經費，史考特上尉大受感動，才返航讓這位年輕人加入他的探險隊。[31]

後來，切利為這趟旅程寫作了《世界最險惡之旅》（*The Worst Journey in the World*）一書。如今大家都知道，新地遠征最終以悲劇收場。挪威探險隊比英國探險隊更早抵達南極點，而且深入極地探索南極點的英國探險隊員都在回程接連倒下，凍死在距離切利帶著雪橇犬和補給品等待的地點僅有幾天路程的途中。這些垂死的探險家即便直面死亡，也不改堅忍意志，咬緊牙關寫下了遺言。這些文字成為英國未來一代代牧師布道時所傳頌的偉大內容。不過切利在著作中所指的「最險惡之旅」其實不是探險隊前往南極點的悲劇旅程，而是跑到克羅澤角（Cape Crozier）的尋蛋經歷。

這趟尋找企鵝蛋之旅的另一位成員是亨利．「鳥哥」．鮑爾斯（Henry “Birdie” Bowers），他會被稱為「鳥哥」是因為鼻子長得就像鳥嘴一樣。鮑爾斯有一頭紅髮，是位身強體壯的蘇格蘭水手，且根據南極歷史學家大衛．克雷恩（David Crane）的描述，鮑爾斯對於各種國族與宗教信仰都抱持著「無數偏見」。至於這三人探險隊的最後一位成員兼指揮官則是威爾森博士（Dr. Wilson），他是史考特上尉的好朋友；他們兩人在前一次南極遠征時一起搭乘探險號（Discovery），並且因為都討厭該遠征隊的領隊而有了交情。當時領隊在雪地裡徒步走了許久，最終開始咳血並倒下，陷入幾乎必死無疑的狀況，而他們卻想辦法拯救了那名領隊。探險號遠征費了兩年時間在冰山之間航行，當時，威爾森博士首次發現了克羅澤角的皇帝企鵝棲地，因而燃起了研究這種鳥類的興趣，所以他又造訪了該處好幾次以進行研究。然而後來這幾次造訪他都沒找到皇帝企鵝蛋，因此他認為皇帝企鵝想必是在深冬才會產卵。[32]

史考特上尉決定等到夏季再度嘗試前往南極尋找皇帝企鵝蛋。為了預先部署補給站，他在當時酷寒的冬季天候中，派了三名下屬在南極來回徒步走了一百九十三公里。歷史學家克雷恩則寫出了這趟旅程最核心的問題：「史考特上尉當初到底為何同意展開這趟旅程？」之所以同意，其實是因為威爾森博士是與他出生入死的夥伴，而威爾森博士又實在太想要那些企鵝蛋了。[33]

威爾森對蛋的癡迷其實源自於當時一種古怪又充滿爭議的演化理論。當時的科學家發現不同物種的胚胎彼此十分相像，而基本上這套理論就是指「個體的成長重演了物種發展」[iii]（ontogeny recapitulates phylogeny），意思就是說，任何物種胚胎的生理發展都會反映出其過去的演化歷程。我也不知道確切原因為何，但當時真的有許多人認為皇帝企鵝是一種十分古老的物種，因此或許能從牠們幼雛的成長過程，觀察出演化紀錄中一直缺失的那塊拼圖——也就是鳥類與恐龍之間的關係。威爾森實在太想成為找到證據的那個人了。

切利用一句話概括了這場探險旅程的體驗——「難以言喻，實在找不到足以形容那種恐怖的詞語。」不過他為這段旅程寫的回憶錄也確實呈現了當時如地獄一般的情景。這支隊伍踏上尋找皇帝企鵝的旅程，帶著重達三百四十公斤的裝備，並且由單靠人力徒步拉動的兩架雪橇負責裝載所有工具。當時的平均氣溫是攝氏負五十度（華氏負五十八度），冷到連凍傷造成的水泡膿液都結冰了。就在短短幾天內，他們身體蒸散出的水氣浸濕了身上的衣服和其他裝備，於是也統統都結冰了。到了旅程的最後，帳篷和包包的重量都因為這些水氣形成的冰不斷累積而翻倍。每天早上醒來，他們都會先將頭轉向當天前進的方向再出發，因為身上的保暖頭套只要一碰到外面的空氣就會在幾秒內整個結凍。每天一到休息時間，他們都得花上四十五分鐘融化結凍的睡袋，才能夠瑟縮著發抖的身體稍微躺幾個小時，然後再爬起來繼續前進。有時候天氣甚至冷到連雪橇的摩擦力也融化不了冰雪，導致無法滑行，必須靠人力拉著橇拖過像是鋪滿細沙的冰天雪地。他們得通力合作，將其中一架雪橇往前拉一．六公里，然後往回走一．六公里去拉另一架雪橇，再將第二架雪橇往前拉一．六公里——他們得走上四．八公里才能真正向前進一．六公里。也難怪切利在整趟旅程中花了那麼多時間想像自己躺在冰川裂隙的底部，終於能陷入甜蜜的死亡、沉沉睡去的景象。他一邊呼吸，一邊反覆喃喃唸著：「這是你自找的——忍下去——忍下去——這是你自找的。」[34]

歷經了十九天的極寒地獄之旅後，他們終於抵達克羅澤角並在當地紮營。他們冒險垂降到企鵝的棲地，但那裡卻只有幾百隻企鵝築巢，與威爾森前一趟旅程看見的幾千隻企鵝相去甚遠，不過他們還是想辦法拿走了五個企鵝蛋。切利在回程路上因為近視看不清楚而打破了兩顆，不過依然算收穫甜美的勝利果實了！回到營地，威爾森在僅存的三顆企鵝蛋上割了方孔，以便取出胚胎並將其浸液保存，以供未來進一步研究。反正他們就紮營在這裡，隔天還能再回去拿企鵝蛋。

不過當天晚上就有強烈的暴風雪侵襲，吹走了他們用來存放補給品的帳篷，連用石

iii 譯註：又有人稱為「胚胎重演律」或是「重演說」（Recapitulation theory）。

頭搭建成的掩蔽處都被吹垮了。接下來兩天，他們就裹著睡袋睡在風雪之中，靠哼歌來確認彼此都還活著。等到暴風雪終於遠去，他們才發現了一件奇蹟：帳篷並沒有被吹到海上，只是飛到四百五十七公尺外的地方。不過也因為少了許多裝備，他們決定設下停損點直接打道回府。回程的路途雖然因為天候的合作而短了不少，他們卻依然面對許多挑戰。切利就是在這個過程中發現長期暴露在極寒氣候下對身體的影響，這些影響在當時都尚未為人所知。我就讓他親自為各位敘述吧：「我們身體靠著堆積如山且已被冰凍起來的器械不斷氣喘吁吁。當時沒有風，或至少可說只有非常輕微的空氣流動。我們呼出的空氣因為寒冷而凍結，發出了劈啪作響的聲音，所以除非必要，否則我們完全不說話。真不知道在那樣的環境下，我們的舌頭怎麼沒有被整個凍住，不過所有牙齒的神經倒是都凍死了，也因此牙齒碎裂成一片片。從吃過午餐以後，我們大概已經走了三個小時。」[35]

已經累得渾身輕飄飄的切利、威爾森、鳥哥終於回到了基地營，在營地留守的同事還得把雪橇拉繩從他們手上剪下來。史考特上尉說：「他們飽受風霜的程度實在是我前所未見。」但他們最終還是成功帶回了企鵝蛋。[36]

就在五個月後，時間來到一九一一年十一月，極圈探險隊就此出發，而也因為皇帝企鵝探險隊之前已經設下了好幾個補給站，史考特便在途中將隊員一波波送回基地營。史考特帶著威爾森與鳥哥，再加上另外兩位男士，他們這幾人是留到最後一波的極圈探險隊成員，而切利則在第二波被送回了基地營。結果糟糕的事接二連三發生，於是他便帶著一隊狗兒到其中一個補給站，準備與從極圈返回的史考特一行人碰面。然而他卻不知道就在往南三天的路程以外，最後僅存的幾位隊員——史考特、威爾森、鳥哥——就這麼慢慢在冰天雪地中餓死了。八個月以後，切利加入了新團隊，負責尋回這些人的遺體，以及此次南極之行所遺留的各項器物（包括生物樣本及書信）。

一九一三年，從南極回來的切利滿心悲傷，他造訪了英國自然史博物館（British Natural History Museum），打算將帶回來的企鵝蛋捐贈出去。然而根據切利所述，博物館的管理人員「就算是以科學界官員的標準來說，都稱得上極度惹人厭」，而且他「一句謝也不說」就把企鵝蛋拿走，甚至還趕他走人。唉，結果那些企鵝蛋也幾乎沒有為科學研究提供任何新的證據。第一位收到企鵝蛋的研究人員把蛋做成可供後續研究觀察的樣本，但卻在實際研究前過世了。最後，這些企鵝蛋樣本輾轉到了動物學家C. W.帕森斯（C. W. Parsons）手上，他在一九三四年針對這些樣本發表了一篇論文。當時，關於胚胎是否會重演其祖先物種演化歷程的爭論已告一段落許久，而最終的答案是——不會。個體的成長並不會重演物種發展，所以企鵝胚胎根本無法解開鳥類與恐龍在演化上是否有關聯的疑問。對這整起事件的最後一擊則是帕森斯做出的結論，他認為這些企鵝蛋「對於了解企鵝胚胎學來說實在沒什麼貢獻。」[37]

克羅澤角的企鵝蛋在某種程度上，就像一則關於鳥蛋學這門科學與嗜好的寓言故事。照理來說，這些企鵝蛋應該要帶來某些貢獻才對。在《世界上最完美的物件：鳥蛋》一書中，提姆．柏克海德提出，蛋應該要能「提供可推論出自然規律的實質證據」，而針對這一點柏克海德卻又下了另一個結論——「然而蛋卻被證明幾乎徹底派不上用場。」最後呈現於我們眼前的，就只剩佛洛伊德式的畫面了：癡迷於蛋的男人身邊圍繞著大量層層疊疊的箱子，裡面裝著幾千顆由雌性軀體孕育出的碩果。[38]

以一門學科而言，基本上我們可以直接說鳥蛋學已死，但它過去曾是讓人淺嚐較艱澀的鳥類學美好之處的敲門磚。收藏鳥蛋和鳥類毛皮，鋪成了進入更高階的鳥痴領域之路，但是在高解析度望遠鏡與相機的價格變得更友善以後，這些鳥痴就不必再靠獵捕來辨識鳥的種類了。差不多同一時期，波士頓的兩位社交名媛——哈莉耶特．海門韋（Harriet Hemenway）和米娜．霍爾（Minna Hall）——發起了終結濫捕濫殺鳥類以供女帽裝飾的運動，也促使世界各國共襄盛舉，最終美國和英國通過了多條限制獵捕鳥類的新法。那麼蛋呢？這些有各種豐富資訊的收藏品就這麼在博物館裡靜靜躺著，大多數都無人聞問，等待著某天會有研究人員透過它們偶然發現震驚世人的科學新知。其中最知名的例子發生在一九六〇年代，當時猛禽的蛋殼開始無法承受母鳥的體重而在幼雛孵化前就破裂，導致猛禽數量減少。喬瑟夫．希其（Joseph Hickey）及丹尼爾．安德森（Daniel Anderson）很聰明地想到用比較蛋殼厚度的方式來進行研究。他們蒐集了當時暴露在滴滴涕（DDT）污染下與未受污染的蛋殼，再與博物館裡收藏的鳥蛋比較蛋殼厚度。一九六八年，兩人在《科學》（*Science*）期刊發表了研究結果，後續也有許多追蹤研究證明了他們研究成果的可信度。科學家發現，攝入滴滴涕殘留物確實會導致鳥類蛋殼變薄，進而危害鳥類。這項研究成果再加上其他科學研究的佐證，促使美國在一九七二年全面禁止使用滴滴涕殺蟲劑。[39]

鳥蛋殼那種佛洛依德式誘惑對部分英國男性來說，依舊是難以抗拒。一九七五年，梅文．修特豪斯（Mervyn Shorthouse）造訪位於倫敦外圍的特陵（Tring）的自然史博物館，該處有全世界最豐富的鳥蛋收藏，樣本超過一百萬種。修特豪斯說他在工作時因電擊意外而受傷——不過後來才發現，所謂的「工作」其實是「在偷竊時不小心鋸到了通電的電線」。他坐著輪椅到自然史博物館，用相當有說服力的理由對管理鳥蛋館藏的管理員提出一覽館內鳥蛋館藏的要求，他說這會為他帶來莫大的快樂。於是在接下來的幾年，他前往自然史博物館瀏覽館藏高達八十五次，直到一位管理員發現他會偷偷把蛋殼放進口袋為止。管理員立刻報警，警方在他的車上搜出了五百四十顆鳥蛋。後來警方還進一步搜查了修特豪斯的房子，又多找到了一萬顆鳥蛋。修特豪斯顯然是把這些偷來的鳥蛋賣給其他收藏家了。[40]

馬克．湯瑪斯（Mark Thomas）是英國皇家鳥類保護協會（Royal Society for the Protection of Birds）的案件調查主任，他說這種情況並不常見，大多數偷蛋賊偷竊的對象都不是博物館，而是會仿效維多利亞時代的鳥蛋學家——這些竊取行為的苦主就是我們的大自然。不過如今經過法令更新，從野外蒐集鳥蛋已是違法行為。經調查發現，修特豪斯偷蛋的動機似乎是為了錢，而其實大部分偷蛋賊的主要目的都不是為了金錢交易，甚至也無關想擴大收藏規模的渴望。在現代英國社會，收藏鳥蛋這種違法的祕密嗜好其實源自於對鳥蛋的癡迷，再加上偷蛋行為本身帶來的刺激感。一整窩稀有種的老鷹，就像普魯斯特筆下的瑪德蓮——看著帶回來的鳥蛋，就能召喚起偷蛋那天的記憶。當時爬的那棵樹、在樹梢上的冒險行動、找到鳥蛋的激動、為了躲避有關當局查緝而採取的各種手段，透過鳥蛋都一一重新躍上心頭。[41]

英國相對較晚才通過禁止蒐集鳥蛋的法令，因此這股風氣在英國應該持續了比較久的時間。美國在一九一八年開始禁止野鳥交易，但英國人卻到一九五四年才跟上美國的腳步制定鳥類保護法，從此採集野鳥蛋便成了違法行為。除非能夠證明鳥蛋是在一九五四年之前所採集，否則即便只是擁有鳥蛋收藏品也會被視為犯罪行為。過去引領男學生走向大自然懷抱的這種興趣，如今卻是違法亂紀，也難怪英國人要花一兩個世代的時間才能徹底理解這項法令的意義。

後來，當局在一九九〇年代展開了復活節行動（Operation Easter），這個名稱帶著惡趣味的釣魚執法行動結合了兩方人馬：警方新成立的國家野生動物犯罪部門（National Wildlife Crime Unit）以及民間保育團體——英國皇家鳥類保護協會。他們的終極目標：打擊蒐集鳥蛋的違法行為，而這些知法犯法的傢伙全是男人。在相關執法單位或於博物館任職的人當中，從沒有人聽過女性收藏鳥蛋的例子，也許是因為女性體內早就有許許多多的蛋了吧。除此之外，偷竊野鳥蛋也是英國獨有的犯罪行為。馬克．湯瑪斯告訴我，執法團隊每次只要聽說有海外的竊蛋犯行，「就一定是某些英國人模仿兩百、三百甚至四百年前的遠征行動，試圖跑到沒人知道他們在幹嘛的國外蒐集鳥蛋。」換言之，這些傢伙就是想在後維多利亞時代的世界，假扮維多利亞時代的紳士。

這些男人都有類似的背景，他們年齡都介於青年與中年之間，因此手腳還夠靈活，可以順利攀上樹梢。湯瑪斯說：「不過還有其他共通點，他們年輕在學的時候都花了很多時間浸淫在自然環境裡。」這些現代鳥蛋收藏家有各式各樣令人眼花撩亂的專業背景，其中包括牙醫、律師，甚至還有警官（當然後來還是遭到起訴了）。湯瑪斯也說，在二〇〇〇年至二〇二〇年之間，活躍的鳥蛋收藏家人數顯著下降。而在這時候，若因收藏鳥蛋遭到起訴，代表的不僅僅是牢獄之災，更會失去他們一輩子收藏的珍藏品，也因此到這個地步依然堅守這項興趣的人，都是更頑強、更隱密從事蒐集行動的族群。湯瑪斯說，這些僅存的收藏家都不是那種穿著毛呢質料、外表文質彬彬的教授，而是「看起來根本就是足球迷」的年輕男子。其中一群來自工業城考文垂（Coventry）的年輕收藏家過去都是「校園裡那些比較頑皮的孩子，絕不是各年級的模範生，而且每天傍晚都會在森林裡四處蒐集鳥蛋，以此相互競賽。」這些年輕人有車可以開之後，就會冒著遇到執法者的巨大風險，跑到更遠的地方尋找目標。雖然不是百分之百確定，但湯瑪斯推測這些年輕人自孩提時代起就花許多時間親近大自然，或許是為了逃離生活中的其他處境。

麥可・史塔克登（Michael Stockton）是位中年鳥蛋收藏家，他在關於偷竊鳥蛋的紀錄片《竊蛋賊》[iv]（*Poached*）裡說道：「你真的會好愛好愛它們（鳥蛋），那是一種熱切的渴求。去那些地方……到森林裡、樹林間摸東摸西……那些山就在身邊，而且還不會遇到警察……在山林間，我覺得安全，覺得一切都很好。」不過顯然在山林中還是會有警察，也因此他在二〇〇三年因為侵擾鳥巢及持有偷蛋器材被罰了兩千英鎊。不過可以退一步說，他在山裡並不覺得自己收到監視，反而還覺得無比自由。[42]

鳥蛋收藏家其實都覺得自己是更高段數的反叛分子，他們竊取的是大自然的瑰寶，是偷走鳥類下一代的大盜。除了那些普通的竊蛋技巧以外，偷蛋賊還必須想辦法躲避警察，所以他們常會直接在採集現場將鳥蛋裡的蛋黃、蛋白統統吹乾淨，然後先放進錫罐、埋到林地裡，等到比較不會引起懷疑的季節（也就是春天以外的季節），再回去把蛋取出來。

而警方的釣魚執法行動有時也實在令人歎為觀止。他們的其中一個目標是朱丹協會（Jourdain Society），這個團體是由收藏家瓦特·羅斯柴爾德（Walter Rothschild）及法蘭西斯·朱丹牧師（Reverend Francis Jourdain）這兩位紳士於一九二二年創辦。朱丹協會時不時舉辦鳥蛋學家雲集的聚會——即便是在法律明令禁止蒐集野鳥蛋以後，他們也延

iv 譯註：片名暫譯。

續這項傳統。一九九四年七月，執法單位派出一名女警在其中一場聚會臥底以施展美人計。現場的眾多男士為了博得女士青睞，便大肆炫耀稀有鳥巢的照片。警方最後終於在現場人贓俱獲，還運用這次突襲行動所取得的情報沿線搜查，在接下來幾個月分別於七個郡找到了一萬一千顆鳥蛋，許多朱丹協會的成員因此被定罪或判處罰款。[43]

有時逮捕行動也讓人感到可悲。例如警方就戲稱其中一對偷蛋賊為「高腳七與矮冬瓜」（Abbott and Costello），一九九七年終於在蘇格蘭落網的這對偷蛋賊熱愛自拍打劫鳥巢的過程，在其中一支影片裡，可以看到一隻暴風鸌（fulmar）直接對著他們嘔吐（這其實是鳥類與生俱來的防禦行為），雖然注定徒勞無功，鳥媽媽依然努力捍衛自己的鳥巢。正是偷蛋賊糟糕的行徑讓可憐的鳥兒噁心反胃。[44]

到了一九九〇年代，英國皇家鳥類保護協會接獲許多來自這些違法者的親友、忍無可忍的妻子與女朋友的線報，也有些人會因為偶然在餐廳聽到相關資訊而向執法單位提供線索。然而即便如此，偷蛋賊蒐集鳥蛋所造成的問題依然存在，而且鳥蛋愈稀有，偷走這些寶貝帶來的刺激感就愈強烈。這麼多年來，鳥蛋收藏家的行為近乎消滅了大自然中的許多鳥種，其中就包括了角鷿鷉（Slavonian grebe）以及紅背伯勞（red-backed shrike）。到了二〇二二年，英國只剩下三十對尚能繁殖的角鷿鷉，而紅背伯勞則僅剩下三對。這兩種鳥在英國的保育動物分級上都已達到「瀕危」程度，也就表示不管是在當地還是全世界，都面臨了相當危急的物種威脅。很不幸，僅判處罰款無法嚇阻那些著迷於鳥蛋的收藏家，他們付完罰款後通常都會再犯。[45]

一直到二〇〇一年，英國皇家鳥類保護協會的犯罪防治小組一直都要投入大把時間在協助逮捕英國野鳥的最大威脅來源——鳥蛋收藏家。在英國皇家鳥類保護協會的反覆來說下，英國終於在二〇〇一年修法，將違反相關法律的後果加上了坐牢的刑責。修法後，湯瑪斯首次將犯罪者逮捕到案時就說過：「整個犯罪網絡實在是太緊密，因此消息很快就傳開了。」有可能坐牢的罰則確實有效嚇阻許多收藏家，卻也促使那些徹底癡迷於此道的人藏得更深。從此以後，湯瑪斯開始會看到各式千奇百怪的藏蛋地點：門框上隱藏的暗格、溫室的木地板底下、閣樓的櫥櫃裡、花園棚屋底下、床下、沙發下，甚至還有人會在原本拿來裝咖啡的保溫壺裡挖洞以藏匿鳥蛋，只要把缺口補上就可以掩蓋痕跡了。其中一位一犯再犯的鳥蛋收藏家丹尼爾．凌翰（Daniel Lingham）本身是木工，他在自己棲身的移動式房屋裡各處都裝了鉸鏈，以便直接打開來欣賞隱匿其中的鳥蛋收

v 譯註：為美國的喜劇二人組。

藏。根據朱利安．魯賓斯坦（Julian Rubinstein）在《紐約客》（*New Yorker*）刊載的復活節行動相關報導指出，執法人員突襲凌翰的住處時，他說：「謝天謝地你們終於來了，我真的停不下來。」這也就表示，偷竊鳥蛋這件事或許已經進入成癮行為的範疇了。凌翰其中一件官司的辯護律師就對英國廣播公司（ＢＢＣ）表示：「他的問題行為其實可以追溯回小時候……當時的他只有在蒐集到稀有鳥蛋時才能夠獲得父親讚賞。」到了二〇〇五年，就在執法單位找到他超過三千六百顆的鳥蛋收藏以後，凌翰被判了十二週的有期徒刑。然而到了二〇一八年，又有人密報看到凌翰再度偷竊鳥蛋。於是執法單位便循線逮捕了從頭到腳都經過偽裝、穿著爬樹釘鞋、身上還有彈弓和九顆紅雀蛋的凌翰。他也不禁問那名逮捕他的警官：「我真的很蠢，對吧？」這次警方在他的屋子裡找到超過五千顆鳥蛋。悲哀的是，其中有六百八十一顆鳥蛋分別屬於一百六十四種罕見鳥類的鳥窩。英國皇家鳥類保護協會在針對最近一次逮捕凌翰到案的新聞報導中表示，他「非常有系統地搜刮了諾福克地區幾乎所有已知的夜鷹（nightjar）繁殖地，偷走了一百零九顆夜鷹蛋。」[46]

瀕危野生動植物種國際貿易公約（Convention on International Trade in Endangered Species of Wild Fauna and Flora，ＣＩＴＥＳ）列出了大約五千種應受保護動物，並以類

似政府分類毒品的方式為這些動物按瀕危程度分級。例如在英國，LSD和MDMA都是一級毒品，而根據瀕危野生動植物種國際貿易公約的標準，遊隼（peregrine falcon）也是一級瀕危鳥類。然而對鳥蛋收藏家來說，愈稀有的鳥類就愈有吸引力，因此魚鷹（osprey）蛋對於某些人來說，魅力絕對不亞於海洛英。

另外還有一位長期蒐集鳥蛋的收藏家馬修．鞏蕭（Matthew Gonshaw），他是唯一被禁止在鳥類繁殖季踏入蘇格蘭土地的人——而且是終身禁止。原因就是他對鳥蛋的癡迷。他在二〇〇一年首次遭到逮補並判處罰金，那一次是因為在外赫布里底群島（Outer Hebrides）大肆搜刮金鵰（golden eagle）巢而獲罪，而他後來又分別在二〇〇四年和二〇〇五年因為偷鳥蛋而入獄。但他真的停不下來——二〇一一年，他又在蘇格蘭的拉姆島（Rum）重施故技被抓到，身上還有偷來的鳥蛋和吹蛋工具，且因為上面沾有許多野鳥的DNA證據而人贓俱獲。隨後相關單位又查抄了他的公寓，在裡面發現七百顆分別藏在隱密夾層與櫥櫃裡的鳥蛋，其中不乏如魚鷹與金鵰這種第一級瀕危鳥類的蛋。那些金鵰實在太可憐了——蛋上的鑽孔比平常來得大，這就表示在鞏蕭吹蛋清理蛋黃和蛋白時，這些雛鳥根本就快要孵化了。鞏蕭從外表看來是個清潔、體面又不失英俊的男士。他靠著社會救濟住在倫敦，在出發前還仔細為這趟冒險之旅規畫預算，因此他不僅是買打折的公車票前往森林，還準備了即溶起司粉當作旅途中果腹的食物。湯瑪斯告訴我，若想阻止犟蕭繼續偷鳥蛋，就得「搞清楚他行為背後的原因……對他來說，最重要的就是能夠前往蘇格蘭四處漫遊的自由……他生活中沒有什麼其他重要的事，只有在蘇格蘭才能找到生活重心……到那裡做他喜歡做的事情、追尋自由，受懲罰跟上面這件事比，根本不算什麼。」所以執法單位乾脆直接毀了他的收藏、沒收他的工具、禁止他在繁殖季再踏進蘇格蘭一步。[47]

對犟蕭來說，失去裝備、失去一輩子努力蒐集的鳥蛋似乎令他心灰意冷。在《竊蛋賊》這部紀錄片中，導演提姆西．惠勒（Timothy Wheeler）拍攝了犟蕭住在簡陋公寓裡的畫面；他顯然正在努力回到生活正軌，因此轉而將心力投注在瑜伽上。然而就像其他的鳥蛋收藏家，犟蕭也是一講到蒐集鳥蛋的事就變得……有點怪。他表現得好像已經改過自新，現在只熱衷瑜伽一樣，但在某些時候，他面對導演卻又擺出對抗有關當局的態度。例如，儘管終生被禁止踏入蘇格蘭，他卻還是說：「假如我真的去了，他們又能拿我怎樣？就算我走進警察局，他們又能如何？逮補我嗎？抓我上法庭？只要我想，我還是可以在英國各地偷鳥蛋，不是嗎？英國也有不少很棒的鳥兒喔。」惠勒和他一起在某個自然保護區裡散步，他不禁羅列出自己曾在那裡蒐集過的鳥蛋種類。我問了湯瑪斯關於鞏蕭鳥蛋收藏的其他細節，他一臉嚴肅又哀傷，並說道：「我還記得那時候去搜查他家，看到了他的日記。」除了龍飛鳳舞寫了幾百頁關於鳥類的事以外，湯瑪斯說其中有一頁上面只簡單寫著：「我該找個女朋友了。」這時湯瑪斯不禁感嘆：「這真是種悲哀的嗜好。」[48]

我發現這些男士（不管是以前還是近代的鳥蛋收藏家）身上都帶有一種引人玩味的象徵性。他們的行為就是在掠奪鳥類（特別是母鳥）生命中最關鍵的資源。母鳥深愛自己的後代，也因此會對入侵者高聲尖叫與嘔吐來保護孩子，然而這些鳥蛋收藏家毀了鳥類所孕育的下一代生命，一切都只為了外面那層蛋殼。我想，所謂的殖民主義其實就是這樣吧——以迫使和利用的手段來控制大自然。這種難以遏抑的偷蛋癮頭，是廣泛可見於近代英國男性身上的現象，而且最主要都是工人階級。嗯，在我看來說，這說明了男性所面臨的階級認同問題和男子氣概危機。以我不專業的心理分析角度來看，我認為這就顯示了他們對於英國霸權時代的念念不忘，在過去那樣的時代，所有英國男性都堅信自己的祖國就是永遠的日不落帝國。然而時至今日，過去富裕英國紳士蒐集鳥蛋的嗜好，卻變成眾所不能接受的壞事，甚至還會因此面臨牢獄之災。鞏蕭日記裡那句可憐的怨嘆：「我該找個女朋友了。」實在悲哀。假如把關於鳥蛋的一切都從鞏蕭這個人身上抽離，那麼就如湯瑪斯所言：「倘若去除掉這一切，單看他這個人本身，他真的只是個困境中的辛苦人。」[49]

雖然鳥蛋收藏家依然存在，他們也還在想方設法偷竊鳥蛋，不過違法偷蛋最猖獗的時代已經過去；監禁的刑責確實嚇阻了許多業餘收藏家，起訴的案件數量也減少了。在二〇〇〇年代中期，英國皇家鳥類保護協會耗費將近一半的時間來處理偷蛋賊的問題，然而如今就像湯瑪斯說的：「這些工作占每年工作時間的比例變得極少。」到現在，英國社會對蒐集鳥蛋這種習慣的態度已然改變，這就表示，不再有新一代的鳥蛋收藏家像過去那樣長江後浪推前浪般相繼出現。在我寫作本書的此刻，大多數人都把擅自取走鳥蛋視為錯誤舉動，然而當初在一九九〇年甚至遲至二〇〇〇年，社會大眾都還沒有這樣的認知。[50]

湯瑪斯告訴我，雖然偷蛋賊過去曾經是英國鳥類數量減少的最大威脅，但其實一直都還有其他影響因子存在。祭出判處監禁的刑責確實是有效打擊了偷蛋的犯行，英國皇家鳥類保護協會也因此開始有處理其他問題的餘裕，例如氣候變遷以及對猛禽的迫害。英國素有獵松雞的傳統，許多英國人會為了保護獵場裡的松雞而殺害猛禽，簡言之因為松雞同時是人類和猛禽狩獵的目標，所以人類為了保護供其打獵的松雞而去殺害猛禽。[51]

不過英國人那種維多利亞時代的心態還是沒有完全消失。少數依然暗自活動的鳥蛋收藏家仍沉迷於心中那有著完美橢圓形狀的瑰寶。經過各種保育運動一百多年以來的努力，如今只剩一種鳥類收藏家依然屹立不搖：博物館。那裡面至今還有層層疊疊擺滿各種鳥類毛皮與鳥蛋的抽屜。

第三章 淘蛋熱

蛋料理代表的是家的味道。我們總會想吃以前父母或祖父母煮過的蛋料理，而因為蛋同時是教小孩下廚的絕佳素材，它也會激起那些學習烹飪的兒時記憶。就算你覺得隨隨便便一盤炒蛋不算什麼，但雞蛋確實是許多舒心食物（如鬆餅和生日蛋糕）的重要材料。正因為這些原因，蛋成了一種承載鄉愁的食物。蛋有種失樂園般的象徵意義——代表童年已逝，曾經為你烹調食物的長輩都已入土為安，年輕時那種能承受早餐吃碳水化合物搭配糖漿的強大代謝能力也已遠去。我們都知道，鄉愁是非常強大的情感。你會為了盤中那充滿烹調者的愛的金色蛋黃而與他人拼命嗎？真的有些人會這麼做。雖然與鄉愁並無直接相關，但的確有一些男人在法拉隆群島（Farallon Islands）的淘蛋戰爭（Egg War）裡為了蛋而爭搶不休。

淘蛋戰爭沒有一個正式的開端，但我們知道它伴隨著淘金熱在大約一八四八年展開。當年舊金山人口只有幾千人，卻在接下來的十二個月內暴增至兩萬五千人之多。也正因如此，舊金山不僅女人相當少，食物也十分短缺（特別是富含蛋白質的食物）。大家後來也發現，想藉著擴大農場規模來應付人口激增的需求，實在比想像中困難多了，沒人能在舊金山養活大量雞隻，而相應的技術問題也是在幾十年後才找出解方。想當然爾，沒有雞，就沒有蛋，而沒有蛋，就沒辦法做蛋糕。連早餐的炒蛋、鬆餅、布丁或瑪芬也缺乏那最關鍵的材料。拿破崙說過：「軍無糧則散。」這句話強調的就是資源的重要性，對於這些來到西部蠻荒地的礦工大老粗來說，更是如此。隨著黃金湧入城市，新鮮雞蛋的價格也應聲飛漲；在城外，單單一顆雞蛋可能要價三美元，而在都市裡，同樣的蛋雖然只要一美元，這價格卻還是高得離譜。即便不考慮通貨膨脹的因素，買一打雞蛋得花掉十二至三十六美元依然是高得驚人的價格。假如將通貨膨脹納入考量並換算為今日的幣值，這些礦工為了雞蛋得付出的代價令人瞠目結舌——購買一打蛋差不多要花四百二十七至一千兩百八十二美元。這也就解釋了舊金山牡蠣歐姆蛋（Hangtown Fry）的由來：據說當時有個人因為淘金發了大財，於是便跑到絞殺鎮（Hangtown）（這裡習慣將罪犯吊起來處死，因此當地戲稱為絞殺鎮）礦坑補給營區的黃金飯店（El Dorado Hotel），把一堆金子丟給飯店的服務人員，叫他們送上全飯店最貴的餐點——送上桌的便是牡蠣和雞蛋。當初如果有人能將新鮮又好吃的蛋送到舊金山灣，想必會大發一筆橫財。[52]

按照大多數的紀錄來看，首先靠蛋發財的人是羅賓森「大夫」（"Doc" Robinson）和他一位男性姻親歐林・朵曼（Orrin Dorman）。這裡所謂的大夫，其實是來自緬因州（Maine）的藥劑師。他發現法拉隆群島棲息了幾十萬隻不斷高聲尖叫的海鳥，他們心想，或許能夠從這些海鳥巢裡大肆搜刮海鳥蛋，賣掉以後賺來的錢或許夠讓他們開一家新藥房。因此，大夫和歐林便跳上船，駛向位於舊金山灣四十八公里外的法拉隆群島。

法拉隆群島環境惡劣，大概是那種國小三年級的小男生會編造出來嚇唬同學的地方。不過稱它為群島也有點誇大了——其實只是許多參差不齊的巨岩突出水面形成的地形。這片遍布巨岩的海域是大家口耳相傳極易發生船難的地方。自法蘭西斯・德瑞克爵士（Sir Francis Drake）於一五七九年登上法拉隆群島以來，因為船上水手看見了這些巨岩的模樣以及常造成船難的惡劣海況，便開始稱這群巨岩為「魔鬼之牙」（Devil's Teeth）。在這些巨岩之中也有相對來說較小的岩塊浮出水面，其中一個被稱為「青春痘」（the pimple），這塊岩石高六公尺、寬六十五公尺，上面還累積了一大堆鳥糞，看起來就像青春痘的白頭一樣。海水帶來的海鹽不斷沖刷岩石，於是其底部便形成了鬆脆的白色鹽分結晶。在歐洲人來到舊金山以前，歐隆（Ohlone）原住民都認為法拉隆群島是惡人死去後的歸屬，也就是亡者之島。[53]

假如這還不夠嚇人——法拉隆群島周遭海域還有許多大白鯊，以大白鯊總是單獨或成對出現的習性來說，這是相當少見的現象。在法拉隆群島周圍總是有超過一百五十隻的大白鯊聚集，可能是因為法拉隆群島棲息了大量的鰭足類動物。這裡曾是海狗與海獺的家園，後來卻被一八〇〇年代早期到來的俄羅斯與波士頓毛皮商人大肆捕殺怠盡。除此之外，法拉隆群島也是象鼻海豹與港灣海豹，還有好幾種海獅的棲地。至於海藻扁蠅（kelp fly）當然也因為這種環境而跑來共襄盛舉，藉機在這些鰭足類動物身上飽餐一頓。對我來說，海藻扁蠅是這世界上數一數二噁心的動物，箇中原因我就讓蘇珊・凱西（Susan Casey）來為各位解釋。雖然令人費解，但總之出於某些原因，她在二〇〇〇年代寫作了以魔鬼之牙為名的鯊魚主題書籍，凱西為了該書的取材而在此處停留了幾週，當時她乘坐搖搖晃晃的快艇，就停在其中最大那座島的岸邊。

此時是牠們繁殖期的巔峰，扁蠅的數量之誇張，就像一場瘟疫一樣，牠們會爬上你的褲腳、降落在你的衣衫上，只要人待在戶外，身邊就絕對少不了這些扁蠅。牠們絕對不是種乾淨的昆蟲——扁蠅喜歡棲息在海豹的肛門裡。這些熱愛肛門的扁蠅隨時隨地都處於下列情況之一：正在折磨人類、正在侵擾肛門被牠們占據的海豹，又或者是在巨大的扁蠅群中肆無忌憚地不斷交配。這天早上我數了數，共有十三隻扁蠅疊在一起。[54]

我個人是絕對不願意跟這種生活在肛門裡的生物扯上任何關係。

大夫和歐林航向了波濤洶湧又充滿鯊魚和海藻扁蠅的海域。他們在附近海域所有巨岩中最大的那一塊登陸，其面積也只有不到一平方英里（約等於二・六平方公里）的五分之一。迎面而來的，就是棲息在巨岩上生生不息的動物——龐大的海鳥群落。這裡有幾十萬隻的海鳥——海鷗、鸕鶿（cormorant）、小海雀（auklet）、海雀（puffin）、海燕（petrel），還有最重要的崖海鴉（common murre）。大群的鳥兒不斷嘰嘰喳喳、高聲鳴叫，成群摩肩擦踵聚集在巨岩上的崖邊。這些鳥在雜草叢產下不計其數的海鳥蛋，估計大約有超過五十萬對海鳥在這裡築巢。最重要的是，這裡的崖海鴉數量超過其他種類的海鳥。崖海鴉是一種海鳩，牠們身上的羽毛全黑，彷彿穿著一身黑衣，只有肚子是一片白。每年，母崖海鴉都會產下一顆梨狀、有堅韌外殼的蛋；蛋殼底色是藍綠色的，上面還會有像鉛筆筆跡般的深棕色點點與彎曲線條。崖海鴉蛋約為雞蛋的兩倍大，蛋黃呈亮橘紅色，而蛋白即便煮熟了也依然保持透明狀。崖海鴉蛋適合替代雞蛋用在烘焙中，不過假如不夠新鮮，崖海鴉蛋吃起來就會有臭魚味。據說，若你吃了一顆徹底腐壞的崖海鴉蛋，那股臭味會縈繞在你嘴裡整整三個月揮之不去。

於是大夫和歐林奮力爬上了那滑溜溜又滿是鳥屎的崖壁，載了滿船的崖海鴉蛋準備返航。回程的航行危險又艱辛，導致船上裝載的蛋少了一半；不過回到舊金山以後，光是那半船海鳥蛋還是為他們賺進了三千美元（換算成二〇二〇年的幣值，大約等同於十萬美元）。於是羅賓森用他的那份報酬開了一間藥局和名為戲劇館（Drama Museum）的劇院，他在那裡模仿新英格蘭人的表演贏得了當地人的喜愛，也因此於逐漸萌芽的劇場界成為一大重要人物。然而當初那驚險萬分的航行卻嚇得他和歐林再也不敢回去搜刮崖海鴉蛋。即便如此，他們去了一趟就大賺一筆的消息很快不脛而走，淘蛋熱也就此展開。

不到一週就有許多人蜂擁而至，準備到法拉隆群島大發一筆橫財；其中一批人馬集結了六名男性，匆促組成了太平洋蛋業（Pacific Egg Company）（又稱為法拉隆蛋業〔Farallon Egg Company〕或直接簡稱蛋業〔Egg Company〕），而為了跟進當時法拉隆群島上眾人紛紛搶占地盤的風氣，他們也對外宣稱據有其中最大那座島的所有權。他們擊退了其他對手，建立幾座附屬建物，還立刻計畫了殘忍的取蛋方式。首先他們會先決定好要蒐集哪一個區域的崖海鴉蛋，然後就直接把眼前看得到的所有鳥蛋全打破，以確保隔天可以採集到最新鮮的蛋。這些人都有特殊裝備——繩編為底且通常插有尖刺的鞋子，以便增加在滑溜岩壁上攀爬時的抓力。這些負責蒐集鳥蛋的工人在工作時都會穿掛了攀爬繩的制服，還會披上以麵粉袋做成的特製背心。背心的腰上有束帶，頭和手臂的位置則有開口，因此蒐集到鳥蛋以後，工人就會把戰利品暫放在頸部下方的深口袋，這樣就算沒有籃子，他們也能一次帶著高達十八打蛋爬上爬下。在懸崖峭壁上，雙手就是保命的關鍵，所以每個人都得盡可能空出雙手。只要口袋裡裝滿了蛋，他們就會變得像圓滾滾的聖誕老人一樣，接著就要一路往下爬，回到懸崖下方的鳥蛋集中處。這時工人會在大籃子前彎下腰，用彷彿祈禱般的姿態讓一顆顆鳥蛋從胸口滾進籃子裡。[55]

想做這種工作，必得要有拼死一搏的態度或鋼鐵般的意志，老實說，或許得兩者兼具才行。蛋業一次最多聘用二十五位男性，這些人通常是一無所有因而願意孤注一擲的新移民。從五月開始一直到七月中旬的淘蛋季對這些工人來說是凶險萬分的時光，在懸崖上，就算只是手腳輕輕滑一下，都有可能直接跌入滿是大白鯊的海水裡。除此之外他們還得面對海鷗的威脅。一八七四年的《哈潑雜誌》（*Harper's*）刊載了關於淘蛋工人的文章，文中寫道：「這些生性貪婪的鳥兒會跟在淘蛋工人的身後，在他們頭上不斷盤旋……所以他們手腳必定要快，否則就只能眼睜睜看著海鷗在眼前把戰利品（也就是鳥蛋）據為己有。這些海鷗實在貪得無厭，有時甚至還會啄傷淘蛋工人。」[56]為了避免一天到晚被啄傷頭皮，許多淘蛋工人都會隨身帶著棍子，用來在頭上揮舞、趕走海鷗。

此時太平洋蛋業已經掌控了法拉隆群島中最大的一座島，所以漁民及其他也想發財的淘蛋客便轉往小一點的巨岩上碰碰運氣。當地報紙便刊載了兩個人在一八九九年為了淘蛋而困在巨岩上長達六週的故事：因為海上風暴不斷，至少有三次的救援行動不得不中斷，因此這兩人只好靠生蛋及為數不多的救援物資果腹。安全回到陸地以後，其中一位餓成皮包骨的倖存者接受當地報紙訪問時說道：「我想我以後應該一看到崖海鴉蛋就會想吐。我們還和海獅打了好幾次架。」這篇報導旁搭配了一幅筆觸誇張的插畫，畫裡是一名男子正在用棍子擊退一隻凶猛的鰭足類動物。[57]

綜觀整個一八五〇年代，每年一到淘蛋季，法拉隆群島上都會因為太平洋蛋業想一手牢牢掌控島上的蛋而與其他組織發生武裝衝突。據《上加利福尼亞報》（*Alta California*）一八五九年所做的報導，太平洋蛋業擊退了數支全副武裝的隊伍。在法拉隆群島區域，不管是島上還是海上都發生過武裝對抗事件，有些盜匪甚至會打劫將鳥蛋運回本土的船隻。其中一群與太平洋蛋業發生對抗衝突的淘蛋客躲在法拉隆群島最大那座島底下的崖海鴉洞穴裡數天，雖然他們全程都躲在船上，海鳥屎卻不斷糞如雨下，其中有好幾人便因為蓄積的阿摩尼亞而不幸身亡。後來有支政府軍隊在一八六〇年進入了這個衝突不斷的區域，卻發現寡不敵眾，他們「為求謹慎起見」，決定不與這些勢力直接起衝突，而是斷然掉頭回到本土。[58]

除了其他淘蛋客以外，太平洋蛋業還得面對政府勢力。一八五五年，美國政府直接徵用了那裡的土地來建造燈塔，同時拒絕承認太平洋蛋業所聲稱對該地的所有權，但只要太平洋蛋業不干擾燈塔的運作，政府也就不干涉他們在當地強取豪奪的行為。

聯邦政府給燈塔守望員的只有每年四百五十至六百美元的死薪水，假如你住在美國東部，這個薪水還算不錯，但在因淘金熱而大幅通貨膨脹的核心地區，就算是一般人家裡聘請的僕人，只要**一個月**就能有這樣的收入，而且還包吃包住，也不用忍受充斥著鳥屎與鳥類尖聲怪叫的惡劣環境。諾瓦・N.懷斯（Nerva N. Wines）便是島上燈塔的第一任守望員，他在一八五五年至一八五九年間擔任此職位，最後卻成了太平洋蛋業的股東，因此他任由太平洋蛋業在島上胡作非為，只要有收到自己那份分紅就好。至於下一任守望員阿莫斯・克里夫特（Amos Clift）打的算盤可就更精了，他之所以接下這份工作，擺明是為了掌握島上鳥蛋的流向。正如他在與兄弟通信時所寫：「假如我能獨占這門生意一季的時間，只要一季就好，接下來可能就輪到政府回過頭來拜託我了。」克里夫特大膽地把淘蛋權分租給好幾方，並在一八六〇年的淘蛋季持續擔任燈塔守望人。不過後來燈塔委員會發現這些貪腐行為，便將他開除。一少了克里夫特對各方勢力的制衡，島上因淘蛋而生的衝突便逐漸加劇。[59]

剛開始，太平洋蛋業張貼了禁止燈塔守望員進入島上若干區域的告示。接著，淘蛋客又破壞了政府開拓的道路，而且還有支武裝隊伍抓了四位燈塔守望員，想直接把他們趕離島上。同一年到了後來，有一位燈塔守望員助理遭到毆打。此時的情況已經變得比以往更加失控，因此政府方決定反擊。燈塔守望員主管伊拉・藍肯（Ira Rankin）是個信奉實用主義的人，他這時終於明白，倘若繼續放任各方各憑本事爭搶淘蛋權，所有發生在淘蛋客之間的毆打、刺傷事件，以及貪污的行為都不可能停息。因此他決定提升法拉隆群島首家蛋業公司在島上的地位，使之成為所有淘蛋公司的龍頭老大。至於這一切實際上是否合法，管他的（反正至少在法律文件上，這座島其實屬於美國政府），而藍肯會以政府權力繼續支持蛋業發展。[60]

然而卻有位不屬於任何組織的淘蛋客大衛・巴切德爾（David Batchelder）實在看不

過去，因此他不斷採取行動，一次比一次帶上更多的人武力進逼（根據當地報紙刊載，這些人都是義大利人），想要奪取這座島的掌控權。隨著一八六三年的淘蛋季展開，巴切德爾和他的幫手就在島上蓋了一間房子，並用石頭建造出防禦工事；而藍肯則派出了武裝海關船隻包圍巴切德爾，反制其行動。政府方在這次行動中逮捕了四個人，也沒收五枝獵槍、一把來福槍和其他各式各樣的武器。不過巴切德爾可沒那麼容易就打退堂鼓。兩週後，他又帶著至少三十位男性展開行動，還抓到了多名太平洋蛋業的員工。這次，跟上次同一艘海關船隻又再次出動，同時還有乘三艘小船的政府方人士登陸圍捕這些叛亂分子，並沒收了他們的二十一把槍枝。後來藍肯終於發現，一定是有燈塔守望員暗中與巴切德爾結盟合作，才會發生這些攻擊行動。因此他寫了一封口氣嚴厲的信，警告要開除幫助滋事者的守望員，同時藍肯也下令海關船隻仔細巡緝周遭海域，只要有任何船隻航向法拉隆群島，就一定要上前詢問其目的，如有必要則登船採取進一步行動。

不過根據傳言，巴切德爾集結武力其實是為了其他目的。一八六三年六月三日，有三艘小船在法拉隆群島的主要島嶼岸邊拋下了船錨。這支隊伍由二十七名男性再加上巴切德爾組成，他們攜帶著各種武器及一．八公斤左右的大砲。蛋業公司的工頭伊薩克．哈靈頓（Isaac Harrington）則在碼頭（也就是建造在環境惡劣的海岸線上的木製吊桿）正面迎擊這些船隻。他的吼聲穿過了翻飛的海浪，告訴對方他們的行為是在「冒著生命危險」登陸，而巴切德爾則大聲回應，表示自己「就算死」也會奮力爬上岸。雙方便如此度過了劍拔弩張的一夜，蛋業公司的工人統統在岸邊紮營守備，巴切德爾和手下則在船上痛飲狂歡。直到黎明時刻，巴切德爾那一方派出了一條船進攻登陸，這時雙方便開始正式交火。二十分鐘過去後，槍聲和紛亂終於停息，蛋業公司其中一名工人的肚子被射穿了一個洞，因而不幸身亡。至於巴切德爾的人馬則匆匆撤退，只留下一艘小船。巴切德爾一行人中有五個人負傷，其中一人的喉嚨遭子彈射穿，幾天後死在醫院裡。[61]

巴切德爾徹底落敗後，各方淘蛋勢力之間的相互對抗終於停息，然而太平洋蛋業與燈塔守望員之間的氣氛依舊緊繃。這種情況又繼續維持了幾十年，直到一八八一年政府頒布行政命令，禁止任何商業組織在島上蒐集鳥蛋為止。政府派出了二十一位士兵到島上，迫使蛋業永久撤出法拉隆群島。不過燈塔守望員依然會在私底下蒐集、販售鳥蛋。此情形持續到十九世紀末，最終才因雞蛋的供給上升導致販售鳥蛋的獲利減少，漸漸讓這些行為走入歷史。[62]

法拉隆群島上的鳥蛋交易持續了約半世紀的時間，對當地鳥類帶來了毀滅性的生態衝擊。各資料來源的數據略有不同，但在淘蛋熱開始之初，太平洋蛋業每年大約會運送九十萬顆鳥蛋到本土。過了五十年後，每年的數量僅剩約六分之一的十五萬顆。這樣大肆砸碎及盜取崖海鴉蛋造成的後果可想而知，法拉隆群島的崖海鴉數量減少了約百分之九十五——從人類開始登島偷蛋之前約四十至六十萬隻的龐大數量，一路減少到鳥蛋交易告終時僅存的兩萬隻。後來的環境危害——包括數次船隻漏油、當地海域成為固定航道、海中沙丁魚數量銳減，更別提傾倒在海裡的核廢料——又進一步衝擊了崖海鴉的族群數量，一九五〇年代只剩下六千隻。保育團體也是從那時開始介入，多虧了他們的努力，崖海鴉數量終於有了顯著成長，在二〇〇〇年達到了十萬隻，二〇二〇年則已經恢復至二十五至三十萬隻之多。[63]

為了取得蛋，人類真的是無所不用其極。在羅賓森大夫率先從法拉隆群島載走滿船海鳥蛋以前（也是當地淘金熱發生之前），大海雀（great auk）曾經是十分活躍的鳥類。牠們體型大又個性溫和，長得就像企鵝一樣。同時，大海雀也是生物學上與崖海鴉相近的鳥類。除此之外，牠們同樣有大量群居的習性——不過事後看來，這實在不是明智的決定——也習慣將蛋產在海島的裸露岩石上。大海雀和崖海鴉都有黑色的身體、白色的肚皮，牠們的體型比崖海鴉更大而且不會飛，繁殖地點則分布於格陵蘭島、紐芬蘭島

（Newfoundland）、冰島、麻薩諸塞州、蘇格蘭。很不幸，這種鳥類不僅移動得不快，繁殖速度更是緩慢——母鳥一年只產一顆蛋。更不幸的是，牠們身上有柔軟的羽毛、好吃的肉、可以當成優質燃料的脂肪，因此成了人類大肆濫捕的目標。一五五〇年代已制定了保護鳥類的法律，但大海雀實在太容易抓又太有用了。亞倫・湯瑪斯（Aaron Thomas）於一七九四年在巡防艦波士頓號（HMS Boston）以文字記錄了狩獵大海雀的情景，格外令人哀傷的摘文如下：

> 若是想要牠們的羽毛，其實根本不必費力宰殺，只要隨手抓來一隻，直接拔取身上最好的羽毛就好。這時的大海雀渾身上下已羽毛半禿，只要放著讓牠們自生自滅即可。確實，這種做法不太人道，但大家都這麼做。到了這座島上，就得慢慢適應這些殘忍的做法，不僅要活活剝下大海雀的皮，還要直接火燒活的大海雀。把一兩隻大海雀放進隨身攜帶的大鍋以後，再用可憐的大海雀烹煮牠們的同類。這座島上根本沒有木材，所以只能靠燒炙大海雀後流出來的油，讓火燒得更旺。[64]

看完這段文字，人類行為之殘忍實在令我咋舌——不管是活剝大海雀的皮，還是直接燒大海雀來烹煮牠們的同類，這些都有如地獄中的景象。

到了一八〇〇年，大海雀的棲地都被摧殘得七零八落。因為數量銳減，牠們的蛋對鳥蛋學家來說就更加珍貴，也因此他們會委託許多人蒐集大海雀的蛋與毛皮，這又進一步導致大海雀的數量減少。到了一八四四年，有三位冰島獵人造訪了離海岸邊不遠的小島——大海雀岩（Geirfuglasker），打算到那裡捕捉獵物以製成標本販售。到了六月三日，他們終於找到世界上最後一對大海雀。在活活扼死這對大海雀以後，他們還故意用穿著靴子的腳踩碎了最後一顆蛋。其中一位獵人後來在與研究人員的訪談中提到：「我抓著牠的脖子，牠雖然不斷振翅，卻叫都沒叫。最後我就把牠勒死了。」[65]

二〇二〇年初，我造訪了哈佛大學比較動物學博物館（Museum of Comparative Zoology）參觀那裡收藏的大海雀蛋。負責管理館藏的傑瑞邁亞・特林博（Jeremiah Trimble）有一頭紅髮，臉頰上還有不少鬍渣。一講到賞鳥他的眼神都亮了起來，顯然是個熱愛大自然的人。特林博帶我走進一間巨大的無窗房間，那裡收藏了將近五十萬件的鳥蛋與毛皮標本，數量十分龐大。被剝製為標本的鳥兒一隻隻棲息在灰色調的儲藏櫃上，占據了滿滿一整個房間。而我心裡早已列出想在這次一睹真面目的鳥蛋清單——

抽屜中透明塑膠盒裡的南美洲鴂形目（tinamou）鳥類那質地光滑、閃耀虹彩的藍綠色鳥蛋；還有連鳥巢一起展示、跟Tic Tac糖果一般大的蜂鳥蛋。特林博向我解釋，蜂鳥會靠蜘蛛絲固定鳥巢，就像童話中的小精靈建造屋子一樣。我還看到了渾圓的白色貓頭鷹蛋，還有那一頭尖尖且滿布斑紋的美麗崖海鴉蛋，其中一顆便來自法拉隆群島。櫃子裡也擺著最近正好剛展出過的馬達加斯加象鳥（elephant bird）蛋；象鳥蛋曾經是全世界最大的蛋——就跟西瓜的尺寸差不多。如今歷史學家依然對象鳥在公元一〇〇〇年至一二〇〇年間滅絕的原因爭論不休，其中一種理論認為，象鳥就是遭到人類的大肆捕食而滅亡。

把巨大的淺棕色象鳥蛋放回盒子裡後，特林博帶我參觀另一櫃非常特別的收藏：滿滿一整個抽屜都是已經滅絕的物種。他向我展示了橢圓形如高爾夫球大小的蛋，那屬於美國唯一的原生鸚鵡——卡羅萊納長尾鸚鵡（Carolina parakeet）。同一排還有嬌小、光滑白皙的旅鴿（passenger pigeon）蛋，由於旅鴿肉實在太美味，因此遭到人類大肆捕食而滅絕。旁邊還有數量超過一打的大海雀蛋（看起來就像超大的崖海鴉蛋），這些蛋大概是世界上數一數二豐富的海雀蛋收藏了。

我一邊努力不忘人類在地理大發現時代造成的生態浩劫，卻又不得不承認自己確實有點嚮往那樣的年代。我當然不可能羨慕當時糟糕的醫療水準，以及女人和有色人種在那時僅有的狹隘社會角色定位，但那種熱衷於探索全世界的氛圍和如今已然失落的自然環境，卻是我心之所向。美國竟然曾有過如此奇特的鸚鵡——橘色的頭搭配藍綠色的身體——真是太瘋狂了。我忍不住好奇，那個時代的人是否慶幸自己能與卡羅萊納長尾鸚鵡或大海雀共存於世？還是他們只把鸚鵡視為可用來買賣的商品，又或者僅是自然風景的一部分？

看著抽屜裡的收藏品，我內心浮現了複雜的情緒：看見稀有物種確實讓人油然而生一種夾雜罪惡感的竊喜，但我也為這些物種竟然都已滅絕，僅剩被鎖在博物館地下室的標本而不勝唏噓。生活於維多利亞時代的人類根本不會知道自己能與卡羅萊納長尾鸚鵡身處同一時代有多幸運。我公公某天早上來和我的孩子玩，他把我兒子放在地毯上對他說道：「咕唧咕唧咕——你以後就看不到白犀牛了，對不對？真的再也看不到囉。」那天是世界上最後一隻公的白犀牛死去的日子，從此以後白犀牛就絕種了。世界上也不再有象鳥、夜鷺（night heron）、度度鳥（dodo）、留尼旺孤鴿（Reunion ibis）這些動物了。在我那趟朝聖之旅的一年後，美國魚類及野生動物管理局（US Fish and Wildlife Service）宣布又有二十三種動植物滅絕（其中包括有黃、黑、苔綠體色的黑胸蟲森鶯（Bachman's warbler」），而我想起了當初那充滿死亡氣息的博物館抽屜。在歷史的長河中，人類一錯再錯。我眼前浮現了收藏在櫃子裡那些巨大、古老的大海雀蛋，我心想，或許愚蠢的根本不是鳥兒。

第四章　蛋即是金

十九歲那年，我爸媽讓我搭上飛往西非國家多哥（Togo）的班機，去找表親曼蒂（Mandy）。我對多哥這個國家的了解僅限於知道那裡有滿地紅土，再加上阿姨的描述（她聖誕節才剛去探望過女兒）。她說在那裡「感覺有點像在露營。」我的航班終於抵達布吉納法索的瓦加杜古（Ouagadougou）後，曼蒂親自來接我，我們一起搭巴士往南穿越邊境前往多哥。每次巴士停靠，總會有許多婦女在窗邊聚集，向乘客兜售塑膠袋裝的水和果汁、芒果，以及水煮珠雞（guinea fowl）蛋。

經過長途跋涉，我們終於抵達曼蒂住了好幾年的小村莊。按照和平工作團（Peace Corps）的工法在混凝土板上興建的房子（裡面共有兩房）便是她的安身之處。曼蒂養了一隻狗、一隻貓，分別以當地的啤酒與起司命名。我抵達當那天晚上，曼蒂請她在當地最好的朋友阿米娜（Amina）來為我們做晚餐。阿米娜飼養珠雞——那是一種通體黑羽夾雜著白色點點的鳥類，牠們有藍色的頭、紅色的冠。曼蒂已向阿米娜買了一隻珠雞當晚餐的食材。我們沿著泥巴路穿過鎮上，經過靠發電機供電的獨棟房屋，來到了阿米娜和丈夫及其他妻子同住的大院裡。曼蒂早先跟我說明過這裡一夫多妻的婚姻制度，她也不諱言多配偶制其實也有好處，例如曼蒂有個鄰居生了一對雙胞胎，兩個孩子同時放聲大哭時，其他妻子就可以幫忙接手其中一個寶寶，比自己一個人顧孩子方便多了。[66]

阿米娜把珠雞肉、辣番茄和豆子燉成一整鍋來配飯。我們坐在鋪著小毯子的地上，其中一碗由我和曼蒂共享，一碗給阿米娜，另一碗則分給阿米娜的眾多家庭成員。這裡與美國大分量肉類的飲食習慣相當不同，光一隻珠雞翅就得由我和曼蒂分著吃。曼蒂說，肉類蛋白質對他們來說大概就像飯後甜點一樣，所以要留到最後好好品嚐。即便她之前就先教過我怎麼不用餐具只靠手指吃飯，但對我來說要靠一隻手把肉從骨頭上剝下來實在太難了，所以我只好對她們所有的建議和協助來者不拒。

阿米娜是個活潑、愛笑的女人，也難怪曼蒂這麼喜歡她了。阿米娜比我們兩個都高，顴骨上標記了屬於她部族的符號。吃過晚餐後，阿米娜又端上了點心——好幾大罐玻璃瓶的芬達和可樂。阿米娜說的是法文，因此由曼蒂為我們翻譯，大家坐在星空下暢快談笑。也因為那如綢緞般的漆黑夜色，我們才能光靠肉眼就看見銀河，還有應該是屬於我的天蠍座星群——住在都市裡的我平常看不見這樣的美麗景色。走回家的路上，我們經過了裝有發電機以供照明的房屋，屋內燈光在暗沉沉的背景下格外刺眼。

接下來幾天，我一點一點發現那天晚餐背後的故事。曼蒂向阿米娜買了一隻珠雞並請她幫忙宰殺、烹飪。而靠著販售珠雞，阿米娜不僅可以賺到錢，也能分到一點珠雞肉給家人吃。我造訪當地時正逢乾旱期開始，也因此目睹了糧食短缺的情況。環顧四周就能看見許多兒童的肚子因為缺乏蛋白質而隆起，情況嚴重的程度可想而知。儘管阿米娜自己就養珠雞，她的家人依然不常有肉吃。對他們來說，珠雞在市場上是十分珍貴搶手的商品，留在家裡吃太浪費了。

阿米娜飼養的珠雞一次又一次幫她度過難關。女權團體當初提供資金給她搭建雞舍，而阿米娜就在鄉下靠低廉的成本養大母珠雞，再把雞隻帶到城鎮以較高的價格售出。阿米娜同時也是位裁縫師，她一邊靠這份飼養珠雞的兼職工作來提高收入。我認識阿米娜時，她應該才三十出頭，卻已經生了六個小孩。阿米娜在某一次到市場販售珠雞時，做了件十分大膽的事。她在沒有丈夫允許的情況下花錢——花的是她自己的錢。當時，阿米娜在手臂植入了效期長達五年的皮下置入型避孕器，回到家以後她坦白向丈夫告知這件事，而丈夫命令道：「把它拿出來。」阿米娜回答：「沒辦法，這裡沒有能安全取出這種避孕器的醫生。」

在我造訪前不久，阿米娜在平日的時候跑到鎮上賣珠雞，把其他孩子統統交給大女兒照顧。阿米娜的丈夫氣炸了──她怎麼可以在平日拋下顧孩子的責任自己跑出門？阿米娜的丈夫打了她一頓，還把她趕出一大家子共居的院落。不過阿米娜可不會因為這樣就無家可歸，她大可投靠其他親友，但阿米娜決定留下來讓丈夫嚐嚐羞辱的滋味。雖然家裡的院落是丈夫的，但雞舍屬於她自己，因此阿米娜叫女兒把雞舍清理乾淨，她打算就睡在那裡。對於有能力繁殖、飼養珠雞的阿米娜來說，這些鳥兒就是她的金雞母，而她也因此有辦法經濟獨立，為她帶來過去不可能擁有的選擇權。

養殖家禽長久以來都是一件能為弱勢者賦權的事。在過去，養雞只能賺取微薄利潤，一間雞舍最多只能飼養幾百隻雞，數量如果再多，殘酷的啄序[i]（pecking order）現象就會造成許多雞隻死亡。也因為一隻雞每次能夠孵育的雞蛋數量都是固定的，所以雞舍繁衍雞隻的比例也有限度。家禽養殖仰賴的其實是母雞的奇妙特性，母雞每一兩天就會下一顆蛋，但卻一定要等累積到足夠數量才會開始孵一整窩蛋，因此只要母雞一下蛋

i 譯註：指群居動物（如：雞）透過爭鬥（以喙啄咬）分出在群體中的地位及支配等級高低。

就把蛋拿走，這隻母雞一整年下來就能生下高達三百顆雞蛋。一直到產蛋的速度變慢，這些母雞就會被「淘汰」。

一六〇〇年代，英國及美國殖民地的上層階級都只喜歡牛肉和羊肉，至於蛋、奶油、牛奶、起司，有時也包括雞肉，對他們來說都是窮人吃的「白肉」。這些家禽的飼養條件也不怎麼好。舉目所及那些瘦骨嶙峋的雞都在其他牲口的排泄物堆中橫衝直撞、尋找食物，殖民者因此稱之為名副其實的「糞堆中的家禽」（dunghill fowl），後來則說雞是「養在庭院裡的鳥」（yard birds）。也因此，在殖民地養殖的動物當中，牛和豬被視為生財工具，而養雞只是順便為之，這種像垃圾一樣低賤的鳥類也就正好適合排在人類啄序最末端的人飼養。[67]

在南北戰爭發生前的美國南方，奴隸會把握殖民者對雞的不屑態度，趁機在稀少的個人時間裡養雞。正如飲食歷史學家暨皇后學院（Queens College）榮譽教授的潔西卡·哈里斯（Jessica Harris）在其著作《餐桌上的歷史：從非洲到美國的飲食歷程》[ii]（*High on the Hog: A Culinary Journey from Africa to America*）中所寫：「有些人會細心尋找、保留種子，並在月光下好好照料花園，或是像負鼠一樣在夜裡捕魚、獵捕夜行性動物；也有些人是為了獲取雞蛋或雞肉而飼養家禽。」[68]這些勞動帶來的不僅是食物來源，還有額外的收入。一七四一年的卡羅萊納州奴隸法頒布後，南方各州大多採取了其規定，禁止受奴役者擁有豬、牛、馬等牲畜——也就是不允許他們擁有任何可以快速獲利的高價牲口。然而正如艾蜜蓮·魯德（Emelyn Rude）在其有關家禽歷史的著作《雞的滋味》[iii]（*Tastes Like Chicken*）中所寫：「雞自然不會出現在這些法律裡。在糞便堆中亂竄的家禽也沒多大價值，所以殖民地主根本不屑一顧，並不把雞視為財產的一部分。（這似乎是全世界奴隸法的共通現象，古時候巴勒斯坦的拉比〔rabbi〕禁止社會階層較低的勞工售賣羊毛或牛奶，雞與雞蛋卻不在此限。）」然而一隻雞身上卻包含許多種商品，包括羽毛、肉、蛋，把這些東西賣給當地人或甚至是奴隸主，就能賺到額外的金錢來購買所需物品，甚至還能存下來以期有一天為自己贖身、重獲自由。[69]

歷史上的這一件事實——美國南方大多數奴隸可以養雞，但不能擁有其他牲畜——正是某些人會因種族刻板印象嘲笑非裔美國人熱愛雞肉的根源。經典的美國南方炸雞是一種結合了蘇格蘭和西非口味的產物，蘇格蘭炸雞的風味當初隨著地主到來而傳入美國，再結合經過調整的西非炸雞調味，變成更符合英國人、蘇格蘭人的口味。非裔美國

ii 譯註：書名暫譯。
iii 譯註：書名暫譯。

女性——不管是奴隸還是自由之身——通常都會負責烹調這種麻煩的菜色。如今的肉品加工廠已經承接了製作炸雞所需的大部分事前作業，但在這些加工廠出現之前，炸雞實在是一種準備起來十分繁瑣的食物。想要炸雞，你得先抓一隻雞來宰殺、放血、燙雞拔毛、取出內臟、分切雞肉。這些手續都做完以後，才能正式開始烹調的步驟——花了這麼多工夫，吃進嘴裡的肉卻沒多少。

賽姬．威廉斯–佛森（Psyche Williams-Forson）博士在《靠雞腿成家立業：黑人女性與食物的權力關係》[iv]（*Building Houses out of Chicken Legs: Black Women, Food, and Power*）一書中，敘述了維吉尼亞州的哥敦士維（Gordonsville）在一八〇〇年代晚期的樣貌，黑人女性的勞動付出使當地成為「全球知名的炸雞發源地」。這些有事業進取心的婦女抓準鎮上有兩條鐵路通過的優勢，總會趁列車停靠時在火車窗邊兜售炸雞。在那個年代，火車上還沒有餐車和冰箱，所以炸雞十分熱銷。非裔美國女性當時在有限的自由下，巧妙利用了被視為沒什麼價值的食物，不僅讓自己得以溫飽，也使炸雞成為美國飲食中的一大經典。[70]

在經濟大蕭條時代的明尼蘇達州，我那個在農場長大的祖母一樣也養雞。她常說故事逗我們開心，有一次她說了趕跑黃鼠狼的故事。黃鼠狼常常在雞舍下偷偷摸摸地徘徊，想透過地板的縫隙把小雞拉下來吃掉。牠們不管抓到什麼都會吞下肚去，而祖母每天早上都得收拾殘局。

像祖母這樣的農家婦女會利用自家養的雞和雞蛋來煮出家常菜，或是直接賣了賺錢。在美國歷史中很大一段時間，已婚婦女幾乎沒有財產權，直到一八〇〇年代中期，這種現象才因為立法而有所改善。然而轉變的步調依然十分緩慢，甚至到了一九七〇年，還是有許多已婚婦女要是沒有丈夫的允許，連信用卡都不能辦。在農家，身為一家之主的男性通常掌握著經濟大權，妻子則負責家務開支。要是丈夫願意給妻子一些小錢買點好東西（例如帽針或珠寶），或是付完家庭開支後還有些餘錢，妻子就可以留下一點「脂粉錢」（pin money）。這種零用錢只能來自丈夫的贈與，然而靠著雞和雞蛋，婦女就能自己賺錢。

綜觀整個一八八〇年代末期，養雞依然是婦女與孩童負責的領域，畢竟這些雞吃的是家裡的殘羹餘餚，又只會待在家附近，對於長久以來負責賺錢供家庭溫飽的男主人來說，並不會威脅到他的男子氣概（至少一開始是如此）。至於男人則負責那些「真正的農

iv 譯註：書名暫譯。

務」，例如處理比較大的牲口如牛、豬，還有規模較大的種麥等勞務。所以說，讓那些小婦人有自己的興趣，額外存點預備金（nest egg）又有什麼關係呢？nest egg這個概念其實來自於同名的真實物件，那是一種木製的假蛋，用來放入巢箱裡刺激母雞產卵。婦女靠雞蛋賺來的錢就可以負擔家庭的額外支出，例如買聖誕禮物、讓孩子學音樂，或是存上好幾年當成孩子未來上大學的學費。有時候這筆錢也會成為家庭開支中相當重要的一部分，甚至還能用來貼補家用（如買衣服或食物）。還有許多地方的婦女會用雞蛋與雞肉以物易物，交換各種雜貨與商品，而賣蛋賺來的錢也可以存起來當作緊急預備金，應付某一年突然收成較差或是家裡經濟出問題的意外情況。[71]

由於女性和有色人種都開始嘗試養雞，也努力實踐各種更好的飼養方式，他們養的雞體型愈變愈大，收益也愈來愈高。後來因《草原上的小木屋》（*Little House on the Prairie*）一書而聲名大噪的農業記者蘿拉・英格斯・懷爾德（Laura Ingalls Wilder）就對販賣雞與蛋的交易做了許多報導。在其中一篇文章，她描述在一九一六年密蘇里州（Missouri）曼斯非（Mansfield）的女性運送了價值達五萬八千美元的雞蛋，以二〇二一年的幣值來看差不多等於一百五十萬美元；對於一個人口不超過一千人的農業小鎮來說，確實是相當不錯的成績。懷爾德在報導中寫道：「我實在很想知道，密蘇里的那些農家婦女到底曉不曉得，她們日復一日做農務得來的成果在市場上值多少錢？」懷爾德也表示，光一位當地婦女就能利用她養的母雞賺到三百九十五美元（這筆錢在二〇二一年相當於一萬美元），差不多比這些婦女每年家用的兩倍還要多。這些小婦人「養雞的小興趣」有時候甚至能賺得比丈夫「真正的」工作還要多。[72]

大約在整個一九三〇年代，養雞還只能用來賺點外快，因此一直都是專屬於婦女、孩童、有色人種的工作。然而後來美國進入工業化時代，家禽養殖技術變得更有效率、獲益更高；也因為牽涉到的金額變高、風險變大，白人男性最終還是掌握了養雞業的主導權。

從過去農場裡的小小雞舍擴大為商業化的家禽養殖業，收益是增加了，但養殖業者也得克服自然限制。雞屁股的大小就是其中一種限制，雞的屁股有多大，決定了牠一次可以孵化多少小雞。母雞產下的蛋或許很多，但你得找出人工孵化的方法，才有可能讓雞隻數量快速增加。雞蛋這種東西雖然小，但卻非常敏感，要在適宜的溫度（華氏九十七度至一〇一度，約等於攝氏三十六至三十八度）、特定的濕度（百分之五十至五十五）下才能夠孵化。母雞會靠拔下胸羽來達到上述條件——這正是feather your nest 這種說法的由來。而雞身上裸露出的皮膚便是孵卵斑（brood patch），少了羽毛的裸露肌膚能夠增加母雞身體與雞蛋的直接接觸，因此可使雞蛋維持在溫暖又濕潤的狀態。除此之外，母雞也會每天翻動雞蛋來讓蛋黃保持在蛋中間的位置，不然胚胎有可能會和內殼膜融合在一起。

在電力、溫度計、加濕器出現以前，要達到雞蛋孵化所需的確切溫濕度十分困難。不過心靈手巧的古埃及人想到辦法做出孵化機率相當高的孵蛋器具，對於親眼見證的歐洲旅人來說，那真是神祕的孵蛋工廠，可以從烤爐與一大堆動物糞便中孵出小雞，實在太神奇了。埃及人大約是在公元前三二三年創造出這種神祕的烤爐，當時雞也正好成為他們的主食之一。（中國人則緊追在後，在公元前二四六年發明出人工孵化雞蛋的方式，但他們大多是將這項技術用在鴨蛋上。）古埃及人的孵蛋器是兩層式的圓錐狀烤爐，上層堆滿了以潮濕堆肥悶燒的火源，緩慢加熱放在下層的上千顆雞蛋。負責照顧雞蛋的人要每天翻動雞蛋並觀察火勢，他們會把蛋拿出來用敏感的眼皮感受冷熱，以確保溫度適中。就算到二〇一九年，埃及的鄉村地區仍然有許多人這樣孵化雞蛋。這種聰明的孵蛋烤爐就這麼默默無聞存在於世上幾千年之久，直到一七五〇年，法國旅行家兼昆蟲學家勒內・安托萬・費爾紹・德・列奧米爾（René-Antoine Ferchault de Réaumur）參觀了當地孵化雞蛋的方式，他決定將此技術傳回法國。然而法國人很快就嚐到敗果。法國的氣候比較冷，因此烤爐的溫度得升得更高才會達到合適的溫度，可是若增加燃料用量，這種孵蛋方式又會變得不敷成本。又過了一世紀以上，才有人發明出具備足夠效率的現代培養箱，成為顛覆家禽養殖業的重要關鍵。[73]

一八七八年，加拿大發明家萊曼・拜斯（Lyman Byce）從安大略（Ontario）搬到加州的佩塔路馬（Petaluma），這裡正好位於當初鬧蛋荒的舊金山上游處。拜斯在佩塔路馬認識了牙醫師埃薩克・迪亞斯（Isaac Dias）。迪亞斯那時正在悉心研發一款孵蛋器，卻始終無法保持穩定的溫度。拜斯光靠一盞煤油燈與一個機械調節器便為他解決了這個問題，於是迪亞斯醫師為這款孵蛋器申請了專利，但在專利通過前，他因為一次打獵意外而身亡。這項改變世界的發明專利就此為拜斯所獨有。此後，他開始大規模生產孵蛋器。拜斯孵蛋器的孵化率高得不可思議，成功孵化機率高達百分之九十——比美國東岸最好的培養箱還高出百分之三十。這種用起來相當簡單的培養箱每台可容納四百六十至六百五十顆蛋，只需要有人每天手動幫蛋翻面就好。另外還有一位佩塔路馬農民克里斯多福・尼松（Christopher Nissom）靠著購買拜斯孵蛋器，就以一己之力開了一間孵化

v 譯註：feather your nest 字面上的意思是用羽毛鋪墊自己的巢，但其實是指一個人假公濟私、中飽私囊。

場，他把孵出來的小雞賣給附近農場，還想出一種郵寄活體小雞的方式。[74]

多虧培養箱和孵化場的出現，過去長期缺蛋的舊金山地區搖身一變，成為世界首屈一指的禽類養殖中心。光是在一八八〇年，佩塔路馬就輸出了九萬五千打雞蛋到都市裡；到了一九一五年則因為有了拜斯的孵蛋器，更進一步將高達一千萬打雞蛋輸出到世界各地。根據食物歷史學家丹．史崔爾（Dan Strehl）所言，佩塔路馬「無疑成了全球雞與雞蛋養殖業的龍頭」。佩塔路馬的市長也因此稱當地為「世界的蛋籃」，他在一九一八年將八月十三日定為國際雞蛋日，有許多美國人聞風而至參加活動。當地甚至還有雞蛋女王負責主持雞的遊行活動、鳥類的競技活動、賽馬等各式各樣的節目。其中我最喜歡的是一九三〇年代一支有點浮誇卻又奇妙的活動廣告影片，影片中是一群漂亮的白人女性在一個超大平底煎鍋上做體操，接著又出現一位主廚要來製作巨大的歐姆蛋，當主廚說出指令，她們就會笑著在平底鍋中翻滾。但為這整個節慶蒙上陰暗色彩的是，各種活動中可見到種族歧視玩笑。鎮上找來了加州廣告俱樂部（San Francisco Ad Club）推廣國際雞蛋日，其成員組成了三C黨[vi]（Order of Cluck Clucks Clan），在會場上戴著雞冠帽學雞叫。[75]

佩塔路馬的好運在一九四〇年代中期達到了顛峰，總共輸出了四千兩百萬打雞蛋。

然而因為格子籠（battery cages）問世——也就是在又稱為層疊籠的鐵籠裡塞滿雞隻——佩塔路馬的命運再度改變。格子籠可在更小的空間容納更多隻雞，因此能增加產量，而且格子籠會讓雞的居住空間遠離地面，排泄物便會自動從籠子的格柵之間掉到地上，販售給消費者的蛋會更乾淨。然而對佩塔路馬的許多小型養雞場來說，升級為格子籠養殖方式的成本實在太高了，因此就在短短幾十年間，佩塔路馬的家禽養殖業逐漸萎縮，生產雞蛋的重鎮就此為其他更大的養殖場所取代。[76]

另外在一九二〇年代的德拉瓦州（Delaware），則有位農婦西西莉雅．史提爾（Celia Steele）無意間發展出肉雞養殖業。她原本只是要郵購五十隻小雞，沒想到賣方卻寄來了五百隻，於是她和丈夫只好把這些雞養在擺了煤油燈的房間裡。令她驚訝的是，這些小雞竟然都活下來了。於是隔年她一口氣定了一千隻小雞，再隔年則是訂了一萬隻。他們的事業一路延續到一九二六年，她先生乾脆辭職接手太太的事業，兩人合作經營。這件事在鄰里間傳開來，該區域便成為美國家禽養殖業的重鎮，至今也依然如此。許多非裔美國人在大遷徙（Great Migration）期間逃離南方，為這種新興商業模式提供了許

vi 譯註：此名稱戲仿三K黨（Ku Klux Kla）這個在美國奉行白人至上主義及基督教恐怖主義的民間團體。

多人力資源，但也因為種族主義的緣故，黑人除了受雇以外無法從這個新興產業獲得其他利益。艾蜜蓮・魯德便寫道：「到了一九三〇年代，黑人占舊金山半島的人口比例將近百分之三十，然而卻幾乎沒有任何非裔美國人擁有自己的養雞場。當地的衛理公會（Methodists）十分敬畏上帝，也公然擁護種族主義，導致非裔美國人無法擁有自己的農地。」[77]

養雞業逐漸成長，也愈來愈賺錢，白人男性成了這個行業的中流砥柱。Cal-Maine Foods是一家主事養雞業的現代企業集團，他們光是在二〇二一年生產的雞蛋就占美國全國總蛋量的百分之十九。然而從他們的管理層名單放眼望去，清一色幾乎都是白人男性。[78]

以這些家禽而言，奴隸法裡讓奴隸能擁有雞隻的小漏洞，也帶來了其他深遠的影響。奴隸法規定奴隸不可擁有牲口，但在法律上雞並不屬於牲口的範圍。《美國聯邦法規》（the Code of Federal Regulations）就特別指出，雞和其他禽類都算是另一個與牲口完全不同的類別：家禽。這也就表示，那些適用於各種牲口的動物保護法規並不適用於雞。根據薇若妮卡・赫許（Veronica Hirsch）為密西根州立大學法學院撰寫的家雞保護法概述，用來食用的經濟動物受監管的程度甚低，而且「幾乎所有主要的農場動物保護法規都將雞排除在外……從動物福利的角度來看，並沒有任何聯邦法規提及有關於繁殖、飼養、販售、運輸或屠宰雞隻的內容。」換句話說，我讀給孩子聽的農場故事裡那些由小學生豢養，總是快快樂樂自由奔跑的雞，其實幾乎全是謊言。[79]

而我同時也很感謝這些謊言的存在。身為大人，我根本連想都不敢想在小公雞孵化當天就將牠們用氣體統統殺死的情景，也害怕想像以輸送帶把一隻隻活生生的小公雞送進碎木機裡會是什麼可怕的景象。至於母雞則是陷入永遠被奴役，必須不斷生殖的命運。牠們終生被困在小小的格子籠裡，行為、舉動、生活模式都無法和正常環境下生活的雞一樣。赫許表示，這些母雞「不能走、不能飛、沒辦法棲息在樹梢，不管是理毛、窩著休息、啄食、洗砂澡、找食物，牠們都做不到……這些母雞甚至可能連站都不能站，牠們的腳也因為鐵絲籠的格柵而變形。」根據動物行為學家天寶・葛蘭汀（Temple Grandin）的文字敘述，住在格子籠裡的母雞會面臨許多生活品質的問題，例如雞農會「為了強迫母雞換羽而限制牠們的食物攝取」，這種行為基本上就是要重啟母雞的生蛋週期，好讓牠能再產下三百顆蛋。另外，母雞還會面臨「因為骨質疏鬆而容易骨折」的問題，母雞每次產卵都得用掉許多鈣質，而母雞的身體並不能自動填補這些流失掉的鈣，因此要是沒有從飲食中額外補充，母雞就只能不斷犧牲自己骨頭裡的鈣質。除此之外，為了避免雞隻不斷互啄導致受傷、死亡的狀況，雞農會在小雞剛出生沒幾天就用燒熱的刀替牠們削去雞喙。[80]

我最喜歡的蔬果店專門販售他們在當地自家農場栽種的作物。疫情期間，我親自前往農場向他們購買蔬果，卻被農場裡那座巨大的雞舍嚇了一跳，顯然這家蔬果店在幾個月前也開始養雞、賣雞蛋了。我坐在農場主人身邊和他談論養雞的話題，他說，從他還小的時候，養雞（特別是撿雞蛋）就是他最討厭的農務，而剪喙對雞來說則根本沒什麼大不了，就跟人類修剪指甲差不多。此外他也辯解道，以放養的方式養雞不僅昂貴，許多雞就只會白白變成當地猛禽的食物，而且雞農得為此承擔更多損失，進而導致蛋價上漲。但我只要一想到剪喙這件事，就還是忍不住皺起眉頭。

就我所知，從雞的生物學角度來看，並不存在雞喙與人類指甲可以相互類比的說法。人類的指甲本身並沒有神經，然而二〇二〇年一位澳洲農業學教授在《動物》（*Animal*）期刊發表論文表示，「雞喙的尖端有極豐富的神經與感受器。」雞喙裡甚至還有味蕾。有了喙，雞才能夠為自己除去蝨子、整理羽毛，當然了，還有享受食物。這篇論文進一步指出，剪喙對雞來說非常「痛苦」，而且用燒熱的刀子修剪雞喙的傳統方法會造成牠們「長久而強烈的痛苦」，也會導致雞減少進食。運用新的雷射技術修剪顯然可以減少這種痛苦，更不會導致減少進食。確實，剪喙對於減少雞群間互相啄羽、起衝突、同類互食的現象（因為雞看到血就會激動起來）有其效果。不過許多歐洲國家——北歐各國再加上奧地利、德國、瑞士——都已經禁止剪喙。[81]

我實在很想相信自己吃進肚子裡的東西，是產自活得很快樂的母雞，但說實在的，看到美國蛋價如此低廉，我根本不太敢繼續深入思考那些蛋雞的處境。我想，假如低廉的雞蛋是來自養在巨大雞舍裡的雞，這些蛋商應該還是不得不兩害相權取其輕，採取必要之惡——要不是為那些可憐的雞剪喙，造成牠們身上可能長久存在的痛苦，不然就只能任由牠們保留雞喙，承受在雞群裡互啄的長期壓力，而這不僅會讓牠們的羽毛變得七零八落，甚至可能有雞隻因為互啄而死亡。[82]

到多哥拜訪曼蒂那時候，在和阿米娜共進晚餐之前，曼蒂問我要不要親自宰殺晚餐要吃的那隻雞。對她來說，這會令她覺得自己與吃下肚的食物有更多連結，而對我來說也是難得的機會。她說自己也只有過幾次經驗，但假如我真的不想嘗試，阿米娜可以代勞。於是我想像了把雙手環繞在雞脖子上，眼前滿是滑順的黑色鳥羽，而我準備將牠掐死的畫面。最終，我還是放棄了這次機會。不過我其實後悔就這麼放過了自己，錯過直面我心中道德觀的機會。身為雜食性哺乳類的我，面對著即將成為我的食物的那隻雞——這能讓我直視為了滿足自己這種飲食習慣而付出生命的犧牲品。長久以來我身處在有龐大食品工業供應鏈的美國，因此這實在是難能可貴的機會。在美國那樣的環境，我不必親眼見到被剪喙的雞隻層層疊疊擠在格子籠裡，也不會特別想到屠宰場中可能發生的景象。然而如今我了解到躲在盤中那份黃澄澄的歐姆蛋背後的真相——我不得不承認，好險那一切只存在於我們平常看不到的某個地方——母雞備受摧殘的印象在我腦海中縈繞不去，也因此促使我轉而向當地肉販購買放養雞蛋。我為自己不必親眼見證這些苦痛的特權多付了一點錢，也多少減輕了我內心的罪惡感。

西非的小規模家禽養殖業至今依然十分興盛。億萬富豪兼慈善家比爾．蓋茲（Bill Gates）和梅琳達．法蘭琪．蓋茲（Melinda French Gates）長期協助發展中國家的人民飼養家禽。養雞既不那麼花錢、又容易，是有良好回報的投資方式，而且雞蛋對孩童來說也是非常優質的營養來源。比爾．蓋茲在二〇一六年發表的一篇文章中表示，蓋茲基金會（Gates Foundation）的最終目標是「以如今只涵蓋百分之五的現狀為基礎，幫助撒哈拉以南非洲地區的偏鄉家庭飼養已接種疫苗且經過改良的雞隻，將飼養家禽的比例提升至百分之三十。」在世界上大多數地區，養雞依然是婦女的工作，而這也就表示，養雞能讓錢真正進到婦女的口袋。正如梅琳達・法蘭琪・蓋茲在她為推廣慈善活動所寫的貼文表示：「我在做慈善工作的過程中觀察到許多數據，其中最令我印象深刻的，大概就是這個了：若是由婦女主掌家庭收入，孩子活過五歲的機率會提升百分之二十。」除此之外她也表示，以推廣全球發展的角度來說，雞就是「窮人的提款機，因為雞很容易在短時間內售出換取金錢，以支應日常開支」，例如負擔避孕的開銷，或是讓婦女有更多選擇的權利，甚至是打造雞舍，為自己買個「雞」會。[83]

第五章　蛋料理大師

雞蛋是考驗主廚料理技巧的終極挑戰。據說，主廚帽上那一百道皺摺，就代表這位主廚已精通一百種蛋料理技術。我和型男廚師雅克・貝潘（Jacques Pépin）聊起蛋料理時，他引述了十九世紀法式料理聖經裡的一段話：「雞蛋之於料理，就如講稿之於演說。」也就是說，蛋對於料理來說是不可或缺的存在，而各路美食大師也都同意這一點。奧古斯特・埃斯考菲耶（Auguste Escoffier）的經典食譜就稱：「這世上材料不包含蛋的食譜真的不多。」食品科學界的巨星哈洛德・馬基（Harold McGee）也認為雞蛋「有最原始、能夠組成生命卻尚未定型的重要元素。這就是為什麼蛋會如此變化多端（protean），也是廚師能運用蛋創造出各種料理的原因。」protean這個字源自希臘神祇「海洋老人」的名字——普羅透斯（Proteus），意指和水一樣千變萬化。單單是蛋這一種食材，就具有使湯頭澄清的能力、可以形成蓬鬆的蛋白霜，還能夠讓烘焙糕點膨脹，確實有各式各樣的用途，protean這個字用來形容蛋真是恰如其分。[84]

蛋真的是一種很神奇的東西。傑．健治．羅培茲－奧特（J. Kenji López-Alt）為了他要在《紐約時報》（*New York Times*）上刊載的文章煮了七百顆水煮蛋做雙盲實驗，我衷心感謝他做出了這件創舉。這位食譜作者對我來說就是廚師界的大英雄，我在和他通電話時，他說：「蛋是千變萬化的食材，而且具有會因一點點條件差異就產生各種變化的神祕特質。」這種變化多端的特性便衍生出比Pantone色票還令人眼花撩亂的各式蛋料理，而且就好比每個人都有各自喜歡的色彩，關於蛋料理的偏好也是因人而異。對於蛋，每個人都有自己的**主見**。從強納森．史威夫特（Jonathan Swift）寫作的《格列佛遊記》（*Gulliver's Travels*）就可以看出，他一定深知這一點。作者筆下故事中的小人國（Lilliput）便是因為對於蛋的偏好差異而與鄰國比利夫斯古（Blefuscu）分裂，還為此陷入戰爭——兩國為了水煮蛋到底該從鈍端還是尖端敲開來剝殼而僵持不下。健治格外了解每個人對於蛋的喜好差異可以有多深刻，他說：「就我而言，蛋是**最受歡迎**的寫作主題。只要寫到蛋，大家就一定會讀、會聊、會爭論。」因為每個人不僅都有個人偏好，也都是自成一格的專家。他補充道：「對大多數的人來說，蛋都是他們首次烹飪的食材。」而蛋又是如此普遍、常端上桌的食物，「所以相對於其他事情，大家都是蛋料理大師。」[85]

我大學時寫過一篇論文，就是以我父母所擁有的一九七四年版《貝蒂．克羅克》[i]（*Betty Crocker*）食譜書中關於雞蛋的章節為主題，此章節開頭寫道：「各位的老公對於蛋料理的喜好一定都各有不同，他們也可能對此非常挑剔；所以要想當個好老婆，就一定要知道蛋的六種基本料理方式。」這麼說來，家庭主婦的廚師帽上大概就只有六摺了。[86]

然而我除了對這本古老的《貝蒂．克羅克》食譜抱有強烈的**意見與感受**，對於如何烹調蛋料理也有不遑多讓的主見。我喜歡各種蛋料理，但有一種蛋實在讓我無法苟同，那就是過熟而又硬又焦的蛋。（但我卻又喜歡煎蛋特有的酥脆邊緣，這就是凡有規則、必有例外的最佳證明。）所以我對於蛋料理的基本信念就是「要像布丁一樣滑嫩，否則免談」。然而對我來說是極致完美蛋料理的滑嫩法式炒蛋，卻是我好友傑森最害怕的惡夢，他偏好煮到比較結實的雞蛋。而對我那些吃素的朋友來說，雞蛋則根本不是美味的食物，它代表著雞的苦難。

每個人對雞蛋之所以有如此專屬於自我、如每片雪花都獨一無二的那種喜好，都得歸功於蛋變化萬千的特性，而這種特質源自於蛋的化學組成。對我來說，雞蛋就是神聖的三位一體——蛋白、蛋黃，以及兩者相互結合而成的蛋液。蛋白和蛋黃分屬蛋白質和脂肪，又分別為構築出蛋料理世界的陰陽兩極。其實在傳統中醫理論中，蛋白與蛋黃確實各自代表著陰與陽。若想深入了解蛋充滿變化的特性，得先從探討雞蛋每一部分的構成開始。[87]

我們就先從蛋黃開始說起吧。基本上蛋黃就像氣球，裡面充滿一顆顆的水與脂肪分子，這些圓圓的分子被緊緊壓縮著，因此呈現扁扁的圓盤狀。這些小圓盤會反光，所以蛋黃看起來才會呈不透明狀；不過只要刺破蛋黃，小圓盤就會統統恢復為球狀。而這每一顆小球的結構都像棒棒糖一樣：最核心的脂肪外環繞著一層蛋白質、膽固醇和磷脂。確實，脂肪能為菜餚增添油潤感，然而在烹飪的過程中，磷脂才是最重要的角色。從分子的結構來說，磷脂是結合水與脂肪的重要物質，磷脂一端親水，另一端則親油，因此能夠成為原本無法合而為一的油水之間最佳的媒介。油與水本是永遠無法結合的陌生人，但分別卻能與磷脂分子的其中一端連結——這就是乳化的過程，也代表蛋黃能夠使分屬水與油的食材相互融合出滑順的混合體，所以蛋黃其實是讓奶油與檸檬汁結合，成就出荷蘭醬的大功臣。[88]

i 譯註：貝蒂．克羅克是品牌為推廣食品及食譜廣告所推出的虛構人物。

蛋黃能夠帶來油脂的風味，並且結合油水兩種分屬不同陣營的分子，而蛋白則扮演不一樣的角色。蛋白裡幾乎沒有脂肪的成分，絕大部分都是水，裡面則漂浮著十幾種不同的蛋白質。這些蛋白質具有非常容易起泡的特性，同時也能夠穩定泡沫，加熱之後還會變成固體，更能夠結合鐵與銅等礦物質。如果把蛋白放大來看，那就像一片充滿了毛線球的潟湖一樣，假如運用加熱或攪拌等施加能量的方式解開這些毛線球，那些被扯開的紗線就會開始互相纏繞成固體的繩結。不過這些蛋白質繩結纏繞的程度就像人的性別一樣，是一道有各種變化的光譜。蛋白中的蛋白質有可能完全是鬆散的（液態的生蛋白），也可能是緊緊相互纏繞的狀態（例如煎蛋邊緣酥脆的蛋白），在這兩種極端之間的任何質地都可能存在。而這些蛋白質纏繞出的繩結也可能牽扯進其他物質，例如：空氣（蛋白霜）、油脂（卡士達醬）、水（鬆軟的美式炒蛋）。將牛奶、鮮奶油、糖、來自蛋黃或其他材料的油脂加進蛋白，就像在頭髮上抹潤髮乳一樣，這些物質可以滲進緊緊纏繞的蛋白質之間，造就細膩的口感。馬基認為，鹽與酸這兩種物質「會讓蛋白質纏繞在一起的速度更快，但不會使其纏繞得更**緊密**。」例如鹹蛋，它會在較低的溫度下開始凝固，但質地卻不會因此而比一般的蛋更堅韌。[89]

用蛋烹飪這件事其實充滿了矛盾。製作蛋料理可能是世界上最簡單的一件事——打個蛋到熱鍋裡，煎熟了就可以吃。然而，要絕對精準地掌握每一個細節卻相當困難。真正的大廚在烹調蛋料理時，能夠全面掌握如溫度、手的力道等細節，以及可做出薄透的可麗餅或膨脹得高高的舒芙蕾等各種花樣所需的添加物。真正的蛋料理大師就像爵士樂手一樣，牢牢掌握了每一個樂音，他們可以用這些音符自由自在構築出令人讚嘆的料理，並且精準掌握每個人的口味要求。

雅克・貝潘對我來說就是料理之神，尤其是蛋料理專家中的翹楚。我人生中有很長的一段時間，都與他維持著自己好像真正認識他一樣的擬社交關係[ii]（parasocial relationship）。我和爸爸以前會一起看貝潘和他女兒克勞汀（Claudine）攜手主持的料理節目，他所創作的內容都是我們的最愛，比如一開始在公共電視廣播公司（PBS）播出的絕讚料理節目《雅克與茱莉雅：在家下廚》[iii]（*Julia and Jacques: Cooking at Home*）（我們後來甚至買了集結所有節目內容的DVD），以及雅克的《烹飪技巧全書》[iv]

---

ii 譯註：指媒體使用者對於節目中的人物產生單向的人際關係，視節目主持人為熟悉的友人，因此觀賞節目就如同與對方見面、談話，也因為這種親切感進而產生對媒體的信任與依賴。

iii 譯註：節目名暫譯。

（*Complete Techniques*）——書裡囊括了各種烹調技巧如削蘿蔔絲、替兔肉去骨等教學與參考照片。我甚至還蒐集了他的絕版舊作，其中就包括他與海倫．麥考利（Helen McCully）合著的第一本著作《剩下的那一半怎麼辦……一百八十種蛋黃或蛋白的運用方式》（*The Other Half of the Egg . . .or 180 Ways to Use Up Extra Yolks or Whites*）。每次和爸爸共度週日午後，我們通常都會先一起看雅克料理某道菜，然後就去購買食材，反覆重播節目的某幾個部分以後就直奔廚房，試著用自己的方式重現那道料理。我和家人大多都以姓來簡稱大廚的名字——沃爾佛特（Wolfert）、張女士、彼特曼（Bittman）——但只要聊到雅克．貝潘，我們總是直呼他雅克。除此之外，我們也只有在叫和雅克一起合作主持節目的茱莉雅（也就是茱莉雅．柴爾德〔Julia Child〕）還有健治（健治．羅培茲－奧特）的時候，才會直呼他們的名字。對我來說，雅克——或至少他展現於公眾眼前的那名人物形象——就像是我家的一分子一樣。他就像我的另一個爸爸。

我之前向某位料理歷史學家請教關於「高級」蛋料理的問題，他建議我去問問貝潘，他說雅克一定會有那些食譜。於是我便寄了電子郵件給雅克，畢竟大家都知道雅克有多熱愛蛋料理。問我認不認識雅克？我的回答是：「他對我來說就像另一個父親一樣。」那位料理歷史學家反問：「哦，所以你認識他囉？」這時我向他解釋，雅克之於我那種類似父親的角色，就好比麗珠（Lizzo）是我的靈感來源一樣，對我來說他們就像我現實人生中的親朋好友。就這樣，雖然經過了一番周折，但我真的拿到了雅克的電子郵件地址。[90]

各位應該可以想像，馬上就收到雅克助理回信敲定訪談時間的時候我有多開心。談定日期以後，接下來可能有整整一小時我都在跟老公嚷嚷這件事。就在我為這件事興奮地大呼小叫的同時，雅克的助理又來信了，他問我能不能提早和雅克聊聊。雅克的助理在信中寫道：「他一直在看各種蛋料理的食譜，我覺得應該是等不及跟你聊聊了。」這時我的興奮感達到了巔峰，我真的覺得自己得躺在地毯上好好緩一緩了。然而就在這時，手機響了。電話另一頭傳來了帶著法語腔、親切得令我無比熟悉的聲線，對方問候了一聲便立刻問我現在方不方便說話。雅克打給我了，他打來跟我聊雞蛋了。而我根本還沒準備好錄音設備——甚至也還沒列好訪綱——但我知道自己從出生那一刻開始，就已經為這通電話做好準備。我把手機緊緊貼著耳朵（我再也不洗那隻耳朵了），打開電腦上的Word檔案，開始著手打字記錄。

iv 譯註：書名暫譯。
v 譯註：書名暫譯。

雅克對於蛋的了解之深，光是他已經忘記的部分，大概就比我們多數人一輩子能接觸到的還要多了。當初就是他把法式歐姆蛋與焗蛋盅（eggs in cocotte）（在小盅裡煨煮的雞蛋）帶進了美國料理界。在美國，我們通常會直接把法式料理和高級料理畫上等號，不過我爸爸一直以來會如此喜愛雅克，就是因為雅克做菜的方式比較像是技術高超的匠人，而不是追求形式的藝術家；換句話說，就是雅克的料理絕不做作。雅克就和雞蛋這種食材一樣有著各種面貌。他對於庶民料理有絕對的尊重（例如他也會以動物內臟為食材），然而他那雙巧手卻也能打出最滑順如綢緞的奶餡（mousseline），還擁有用肉凍裹住鱒魚的高超技術。對於像我這樣對食物充滿狂熱的人，他就是法式料理的標竿，也代表了法式料理隱含的高級形象，但他卻也願意承接豪生酒店（Howard Johnson）的委託，大量製作商業販售的蛤蜊濃湯。[91]

電話那一頭的雅克聽起來比在電視節目上還要有活力，而且他迫不及待跟我分享世界上大約有三百種法式蛋料理食譜，這些蛋料理會搭配令人目不暇給的各種食材，例如在小容器中烹調軟嫩炒蛋或焗蛋，再搭配螯蝦（crayfish）或小牛胸腺（sweetbread）上菜。過去他曾擔任法國第一家庭的廚師，有時候他會在晚宴做炸雞蛋當作第一道菜：把蛋放進熱油裡，再用木匙固定形狀，炸好後便起鍋直接放在烤麵包片上，再撒點培根裝飾。他說這樣做出來的雞蛋帶有松露風味，可再以魚子裝飾點後上菜。而他又同時補充道：「雞蛋某方面來說，是非常平等又樸實的食材。」不管是在這次的通話，又或是再下一次的電話訪談中，我都清楚意識到蛋與他的人生緊密交織的程度。他甚至可以從蛋料理來回溯自己過去的經歷。於是我便請他用三至四道蛋料理來勾勒出自己人生各個階段的樣態。

假如是**我**以蛋料理來表現自己的人生，拉開序幕的應該就是和爸爸一起煮的水煮半熟蛋。而對雅克來說，他人生最初的蛋料理則是媽媽做的奶焗蛋盅（eggs gratin）。一九三五年，雅克出生於里昂（Lyon）附近的布雷斯地區布爾格（Bourg-en-Bresse），父母分別是餐館老闆及細木工。由於當地有屬於戰略要地的火車站，因此他在無數炸彈轟炸下長大。隨著納粹不斷逼進城市，雅克的父親便遁入山中參與抵抗納粹的行動；母親則繼續待在城鎮中，盡己所能扶養三個幼子長大。雅克的母親也在家裡養雞，因此他們大部分的蛋白質來源都是雞蛋，他的母親會將水煮蛋切片後放在蔬菜上——通常是菠菜或甜菜——然後淋上白醬（以奶油、麵粉、牛奶和少量起司做成的法式醬汁），就做出了奶焗蛋盅。

於是我和爸爸便試做了雅克童年常吃的其中一道焗烤料理。我爸爸常轉貼雅克在

Facebook發布的教學短片給我，這就是他表現愛的方式。在其中一支影片裡，雅克像爵士樂手一樣隨性重現了這道代表他童年記憶的料理，同時簡化了製作過程，讓趕時間的人也有機會品嚐這道菜。我和爸爸找了個合適的時間製作這道料理，剛好前幾年爸爸在聖誕節送了我專門用來做焗蛋的烤盅，我們便把嫩菠菜鋪在烤盅裡送進烤箱。其實所謂的焗蛋就是用烤箱烤蛋，所以老實說雖然有個特別用來做焗蛋的烤盅是不賴，但其實那並不是必要的料理道具，用小烤盤或小烤盅來替代就可以了。我們接著把蛋打在烤過的菠菜上，再把烤盅送回烤箱裡等蛋慢慢烤熟，最後淋上一湯匙的鮮奶油，再撒點帕瑪森起司——這樣就是懶人版的白醬了。將一整口美味送進嘴裡，嫩菠菜、起司、鮮奶油、流淌而出的蛋黃在嘴裡翻攪、結合，聽起來很油很肥，但其實熱量並沒有聽起來那麼可怕，用這道菜搭配烤麵包當午餐，實在讓人滿足。

接著我們又看了一支雅克做另一種完全不同的焗蛋盅的影片，這是他媽媽拿手的家常菜，因此雅克將這道奇妙的料理取名為珍奈特蛋來紀念母親。首先，煮好一般的全熟水煮蛋，將蛋黃挖出來以大蒜、香芹、牛奶調味。接下來就是奇妙的部分了——雅克將調味過的蛋黃重新填回切半的蛋白裡，再放進平底鍋裡下油煎過，然後在剩下的蛋黃裡加入少許水、醋、橄欖油及芥末醬做成醬汁，用來搭配。想當然爾，我和爸爸絕對是非親手試做不可了——在這之前，到底有誰嘗試過把魔鬼蛋[vi]（deviled egg）拿來煎呢？試做的成品帶有南法的香芹與大蒜風味，非常美味。最後煎過水煮蛋並以醬汁調味的步驟讓整道料理更為優雅，卻又不必費太多工夫。對半切以後油煎過的水煮蛋有焦黃色澤，同時又具備了微微的酥脆口感，調味過的蛋黃填料則保有柔軟質地，滑順如鮮奶油般的醬料溫柔包裹著整道雞蛋料理。搭配麵包片和沙拉享用——我的天，太美味了。而我多才多藝的媽媽則堅定表示，她曾將這道珍奈特蛋搭配〈帶上火炬，珍奈特，伊莎貝爾〉（Bring a Torch, Jeanette, Isabelle）這首聖誕頌歌一起享用。

不過珍奈特蛋這道料理的來源，或許其實可以追溯回古代。我深入研究料理史，發現了馬汀諾．達．科莫（Martino da Como）這號人物。他在十五世紀羅馬料理界的地位大概就像今日的雅克．貝潘一樣，很可能是世界上第一位名人主廚。被稱為「料理王子」的他更曾為教宗侍從掌廚。除此之外，他留給後世的還有當時為數不多的料理書：《烹飪的藝術》（*Libro de Arte Coquinaria*），裡面當然有關於蛋的章節，甚至還有一些令我相當好奇的料理方式——以甜酒或牛奶煮蛋後再撒上起司、將蛋插在烤肉叉上、將蛋直

vi 譯註：即將蛋黃取出調味後重新填入蛋白的料理。

接打在燒熱的煤炭上。然而其中最吸引我和爸爸的就是他的「填料蛋」食譜，我們自然要親手試做看看。首先要先製作特別的魔鬼蛋，填料裡包含了葡萄乾糊及酸葡萄汁（這是一種中世紀的食材，也就是以未成熟的釀酒葡萄榨成的果汁）。此外，這道食譜也分別需要熟成與新鮮的起司（我們以帕瑪森起司和希臘優格代替），還有「甜香料」。經過一番努力查找網路資料，我們把甜香料翻譯成由肉桂、丁香、薑泥組合而成的香料。當然了，像教宗侍從這樣身分的人所吃的料理，一定也會有將昂貴的番紅花泡在牛奶裡當成食材的做法。接著就如同珍奈特蛋的製程，把填料調味好再塞回雞蛋裡，然後下鍋煎、淋醬汁。這次的醬汁是把剩下的調味蛋黃加入少許酸葡萄汁後，收汁至濃稠狀製作而成。

葡萄乾的甜香、帕瑪森起司的鮮美鹹味組合起來意外地搭。不過整道料理給我的感覺跟熱香料蘋果酒（mulled cider）很像——雖然美味，但把用來做甜點的香料加在魔鬼蛋裡，總讓我覺得哪裡有點說不出的怪。雖然這道料理充滿冬日風情，但我還是比較喜歡珍奈特蛋。

第二次世界大戰結束後，雅克還是個十三歲的小少年，但他卻離開了校園、揮別媽媽的餐廳，走上成為主廚的傳統道路，也就是要花多年時間從學徒做起。起初還只是小孩子的他，從在歐洲大酒店（Le Grand Hôtel de l'Europe）的廚房負責燒爐火開始做起，一路經過不同廚房工作檯的歷練，再到鄉間的高級餐廳實習，最後終於進入了巴黎的莫里斯酒店（Le Meurice Hôtel）工作。

在巴黎工作時，他因為被抽中籤而前往阿爾及利亞加入海軍。結果軍隊中有人發現他會烹飪，便把他送去財政部為高級官員掌廚。而他也是以此為起點，日後陸續擔任三任國家元首的私人廚師，其中便包括了夏爾．戴高樂（Charles de Gaulle）。雅克表示，最能象徵他人生此一階段的料理，大概就是水波蛋或蛋凍（eggs in aspic）了，而接著在巴黎象徵他後續人生的料理則由經典法式歐姆蛋取而代之。下一章會細談法式歐姆蛋這道料理，我們現在先聚焦在水波蛋和蛋凍上就好。

在網路上搜尋水波蛋，各位應該可以找到無數種做法，但我最喜歡的是這個：起一鍋水，煮滾後加入少許醋，再把蛋打進鍋裡。假如你想更講究一點，追求完美的形狀，這時健治的小訣竅就能派上用場了：先把蛋打在篩子裡，讓蛋白比較稀的部分流掉後，再把蛋放進水裡；接著輕輕以木匙攪動水面，以免蛋黏在鍋底。假如你真的超級講究，也可以如雅克所說，用湯匙把生蛋白往蛋黃聚攏，這樣水波蛋的形狀就會更美。關火以後等個三分鐘左右，就可以用篩勺把蛋撈出來，測試蛋黃是否為半生不熟的狀態、蛋白是否已順利凝固。蛋這種食材熟得很快，因此要注意餘溫使食材轉熟（carryover cooking）的現象——也就是食材在離火以後因為餘溫而繼續煮熟。假如不是要直接把水波蛋撈到烤麵包上馬上吃掉，可以迅速把蛋放進冷水裡冷卻，避免因為餘溫而過熟。要做水波蛋，選用的雞蛋愈新鮮愈好，各位只要看看蛋盒上的數字（也就是雞蛋包裝的日期）就知道雞蛋已經放了多久。新鮮的蛋會有形狀立體、堅挺的蛋白，在水裡變得一絲一絲的稀薄部分也不多，但假如你不是那麼在意，其實幾乎任何蛋都能用來做水波蛋。等到蛋冷卻後，可以用刀修整水波蛋的形狀，把比較稀的蛋白外圍修掉，這部分的蛋白吃起來帶著一絲醋味，我很喜歡在沒人注意的時候，把這些蛋白從用來冷卻水波蛋的冷水裡撈起來吃掉。

煮好以後，這顆水波蛋就任你宰割了。雅克在還是學徒的時候，學會了如何製作搭配水波蛋的傳統醬料與配菜，例如可以將水波蛋製作成源自十九世紀下半葉的班尼迪克蛋（eggs Benedict）（至於這道菜真正的起源是何處——到底是來自紐約的戴爾莫尼科餐廳〔Delmonico's〕、華爾道夫酒店〔Waldorf〕，或出自某位金融家的母親之手——到現在仍然沒人確知）。這道早午餐經典菜色包含了放在烤麵包上的水波蛋，上面會搭配火腿與荷蘭醬（荷蘭醬是一種將蛋黃和檸檬汁及融化的奶油混合所製成的溫醬汁），最後再刨一些松露當點綴。同時，雅克也學到了歷史悠久的肉凍製作技巧。將水波蛋與肉凍結合，就是所謂的蛋凍（ouefs en gelée）了，這道優雅又經典的前菜是把蛋黃仍呈流動狀的水波蛋——又稱半熟蛋（即為將熟而未熟，蛋白已凝固而蛋黃仍是液態的蛋）——放在閃閃發光的澄澈肉凍之中，再飾以蔬菜配料。雅克過去大概都是為夏爾．戴高樂週末的家庭聚餐做這道菜，不過他也說了，戴高樂家其實比較偏好「相對簡單的料理」。「我應該是受到戴高樂前一任元首的影響才會做這道菜，畢竟他實在太熱愛蛋和松露了。」所以對雅克來說，這道菜就是「專屬於法國總統的蛋料理」。[92]

這道專屬於法國總統的蛋料理自然有其美妙之處——不僅高級，也多少需要較為細膩的料理技巧，但真正製作起來卻又不特別困難。要做這道菜，總共要用兩次蛋：第一次顯然是要先煮好水波蛋，而另一次則是要像施展神祕的煉金術一樣，製作出法式澄清湯（consommé）。我和爸爸當然會想按傳統步驟重現這道料理，也就是重現我們當初在巴黎品嚐到由雅克烹製的那種法式澄清湯。我們先處理了簡單的部分，也就是煮好並修整水波蛋，再把它放進冷水、冰入冰箱。至於麻煩的部分就是肉凍了。要做肉凍，就得先做法式澄清湯，亦即靠雞蛋變出的澄澈高湯。不過我們的第一次嘗試失敗了，我本想靠壓力鍋來省事省力，結果卻讓湯裡的油脂乳化，整鍋湯變得混濁不堪，看起來就是一團糟。於是我們重起爐灶。一如既往，我和爸爸都是先從研究食譜開始。看了許多製作法式澄清湯的影片，翻了許多食譜以後，我們覺得自己已經掌握怎麼用極耗時的傳統方式製作法式澄清湯了。

冷水要蓋過烤過的牛骨、牛肉和蔬菜，以小火慢燉半天，這樣才能製作出褐色的牛高湯。我們以堪比對待新生兒般細膩溫柔的手法，慢慢燉煮這鍋高湯，每隔一段時間就去稍微攪動它，並且撇去骨頭與油脂產生的浮渣。將湯裡的固體食材都過濾掉以後，就要開始做最辛苦的澄清手續。我們輪流將這鍋高湯透過墊了薄紗棉布的篩子從一個鍋子倒進另一個鍋子裡，以求盡可能將所有浮渣碎屑都過濾掉。接下來，將鍋子放進注了冷水的水槽裡冷卻（快速冷卻才能避免細菌滋生，也可以防止高湯走味），然後就把這鍋高湯擺在房子後面的日光室裡——在波士頓冷得要命的十二月大冬天裡，這裡彷彿是我家的第二個冰箱。高湯經過冷凍後便可以輕易用湯匙撇去凝固在表面的油脂。經過這重重手續以後，我們就有了一鍋幾乎毫無油脂、接近澄澈的高湯。

假如你從沒嘗試過製作法式澄清湯那有如煉金術般的神奇過程，我建議各位都應該至少試一次看看。在這個過程中，時間的秩序彷彿崩塌了一般，先是極緩慢地倒流，再以光速般的速度快轉。看著原本濃稠又噁心的混濁液體竟然變成了你前所未見又極度純淨的高湯，我猜這大概就是耶穌將水變成酒當下的感受吧。儘管做了大量的研究，我們還是毅然決然選擇了雅克的食譜，其中當然有我們對他的私心，另外也就像我爸說的：「他不會用小到荒謬的文火浪費一堆時間。」雅克的做法是這樣：用雙手把蛋白、切碎的蔬菜和絞肉（但也不是每次都會用）在鍋裡混合，接著把依然微熱的高湯注入。隨著這堆混合物的溫度升高，蛋白會開始抓住湯裡的各種物質，一起浮到表面，這堆東西就像筏一樣承載各種聚成一片的物質，因此又稱為「the raft」。雅克解釋，蛋白在去除掉高湯浮渣的同時也會帶走些許風味，因此必須在進行這道手續的時候，再次加入些許蔬菜與肉來增添高湯的風味。我們把微熱的高湯倒進看起來頗為噁心的蛋白混合物裡，接著把火轉大，煮到高湯開始冒泡。在這個時刻，蛋白真的像筏一樣把湯裡的所有雜質都聚在一起了，就和雅克說的一樣。剛開始，我們那尚未澄清的高湯就像原始湯一樣——在混濁又令人倒胃口的液體裡，有著與結塊蛋白混合在一起的蔬菜與灰色油脂碎屑。到了最後這一步，那些看起來噁心兮兮的灰褐色不明物體終於聚集為一大塊，浮到了高湯表面。火候夠小才能避免沸騰的力道太強，進而導致高湯中蛋白形成的筏破碎又混進高湯裡，因此我們這時必須停止攪動高湯並且將火轉小，開始祈禱神蹟降臨。很快地，鍋裡的東西聚集成一大塊厚厚的浮渣，於是我們便按照食譜上寫的時間繼續燉煮。

接下來發生的事真的太神奇了。我們用大湯匙撥開了表面的浮渣團塊，將高湯一匙匙舀進包了薄紗棉布的濾網裡，最後得到的成果著實令我們目瞪口呆。那高湯真的搖身一變成了法式澄清湯，澄澈清透到我媽媽還說：「這鍋湯清澈到我可以透過它來看報紙。」我們讀過的所有食譜都聲稱做出來的湯會閃閃發亮，我原本以為這只是誇飾或美化的說法。但真的是這樣，這湯真的是會閃閃發光——陽光從放在鍋裡的湯匙直直反射了出來。我們做出了一鍋神湯，一鍋臻至完美的極致高湯，這就是雅克在他的料理影片中所說的「極品」。我在這湯裡嚐得到那髣兮兮的蛋白筏裡包含的明亮蔬菜風味，以及肉類的鮮美後味。

完成了最麻煩的部分以後，接下來就該把所有材料組裝成完整的一道菜了。將無味的明膠加入高湯後，再把高湯倒進我婚禮上用過的漂亮小茶杯裡，淺淺一層就好，放涼以後高湯就會凝結成凍。我們把韭蔥絲、胡蘿蔔丁還有西芹等配料都先汆燙過，使其維持原本的色澤，好用來裝飾蛋凍。入夜後，我媽媽和我老公也都進了廚房一起動手做。我們不禁哀嘆廚房裡就缺一把料理用的小鑷子，同時一邊慢慢在茶杯中用各種配料排出細小花樣。我爸爸和我老公各自擺了一兩杯，媽媽則是迷上了這個步驟，持續慢工出細活排出許多美麗的花草樣式。這道手續結合了她對植物的熱愛——她曾在大買特買一堆植物後忍不住對我說：「愛花花草草到這種地步，我真是病得不輕。」——也滿足了她對於可愛裝飾的喜好，而這正是我和媽媽的共同點。接著我們把已經冷卻的水波蛋放到裝飾用的蔬菜配料上，再用高湯明膠填滿整個茶杯。完成後，將這一杯杯蛋凍放入冰箱凝固，要等著跨年夜晚餐享用。那天的大餐會有一道複雜細膩的歐姆蛋（也就是用煙燻黑線鱈、荷蘭醬和起司做成的鬆煎鱈魚蛋〔omelet Arnold Bennett〕vii），而蛋凍會是前菜。

過了幾個小時以後，我們終於把兒子餵飽了——他把一整碗美味的法式澄清湯喝得乾淨溜溜。哄他上床以後，我們打開冰箱拿出了裝著蛋凍的小茶杯，把茶杯快速過一下熱水，就能順利將整個蛋凍倒扣到烤麵包上。那真是我所吃過最美麗的料理了——它們看起來就像一個個以棕色玻璃製成的古董紙鎮，雞蛋的白襯托出裡面以蔬菜配料排成的美麗花朵。這些蛋凍吃起來也是我從來沒嚐過的口味。依然呈液態的蛋黃流出來包裹著滑順的肉凍，兩種細膩的口感和風味在我嘴裡產生了滿滿的鮮味。吃了幾口以後，原本看起來像紙鎮的固態蛋凍便崩解了，原先美麗無匹的蛋凍就此在盤子上成了一團混亂。

vii 譯註：這道菜的名稱源自於作家阿諾德・貝內特（Arnold Bennett），據說這位作家當年十分喜愛光顧知名的薩伏依飯店（Savoy），主廚便以煙燻鱈魚為他做了這道料理，他一吃成主顧，每次到訪必點這道菜，這道料理也因此而得名。

我爸爸看到便說，也許我們應該多用點明膠，蛋凍才能凝結得更穩固；他又補充道，想要把蛋凍做得更好，看來得買肉凍專用的模具才行。我真的需要一組肉凍模具嗎？我用眼角餘光瞥見老公的全身瞬間僵硬了一下。我爸這時也開口說，我幫你買一組肉凍模具好了，希望不會害你們吵架。

兩個禮拜後，一組四入的肉凍模具就寄到我家了。

因為冰箱裡還剩下一些法式澄清湯，於是我又多做了幾次這道專屬於法國總統的蛋料理，給那些我知道一定願意嘗試也懂得欣賞的朋友品嚐。除了招待朋友以外，我也做給自己享用，把蛋凍放在烤吐司上搭配沙拉一起吃，就是簡單清爽的午餐了。但是做法式澄清湯實在太麻煩，完全降低了我做這道料理的欲望。後來雅克告訴我，他太太也超愛這道菜，所以夫妻倆每年夏天都要吃個五到十次才夠。他向我坦承：「夏天的時候，要是手邊有品質好的雞高湯，我會乾脆直接拿來替代，省去動手澄清高湯的麻煩。」（我跟爸爸說了雅克的小祕密以後，他自己也購入了一組肉凍模具，並且直接買市售罐裝的法式澄清湯來用，他說吃起來的美味程度其實差不多。）

我會這麼喜歡法式料理和雅克的烹飪技巧，有部分原因其實跟媽媽的口味息息相關。經過放射治療以後，她的唾腺幾乎全都被破壞殆盡，因此無法食用太鹹、太辣或太酸的食物，甚至連柳橙汁都沒辦法喝，但她可以接受大多數法式料理的口味。除此之外，我對法式料理的熱愛也有部分是受到層面更廣的文化潮流所影響。健治告訴我，現今的大眾口味其實「與我們對於法式高級料理的既定印象密不可分——提到高級料理，大多數的人都會直接聯想到法式料理或歐式料理。不過誰知道呢，這點也許會隨著時間慢慢改變，但歷時那麼長久的影響實在很難抹滅。」針對精緻餐飲（fine dining）健治也表示，「我們只要吃到細膩精緻的風味，就會認為那是比較高級、比較好的食物——這其實也是一種文化上的帝國主義。」法國社會學家皮耶·布赫迪厄（Pierre Bourdieu）大概也會認同這個觀點；他在知名的著作《區判：品味判斷的社會批判》（*Distinction: A Social Critique of the Judgement of Taste*）中提到，世人對於美的選擇——從飲食、閱讀，再到穿著的一切價值判斷——其實都彰顯了你我的社會階級。舉例來說，美國東岸的高級菁英會吃芝麻菜（arugula），可是所謂「真正的美國人」則會選擇美味多汁的漢堡和國產啤酒。[93]

然而蛋本身並不存在階級之分。雅克認為雞蛋「大概是世界上最平等的食物，因為哪怕是在貧窮的小國家，也會有雞在地上四處亂跑。」我所訪問的食物歷史學家也同意這一點。耶魯大學的保羅·弗里德曼（Paul Freedman）教授是《美國料理文化起源》[viii]（*American Cuisine and How It Got This Way*）一書的作者，他說雞蛋是「世上少數幾乎所有人都吃的食物」。而《世界三大菜系：義式料理、墨西哥料理、中式料理》[ix]（*Three World Cuisines: Italian, Mexican, Chinese*）一書的作者暨太平洋大學（University of the Pacific）教授肯・阿爾巴拉（Ken Albala）也認為雞蛋是「少數沒有任何階級之分的食物」。他表示，完整的英式或蘇格蘭早餐——也就是包含了煎蛋的大分量早餐——隱含了勞動階級的階級色彩；然而在法國的皇宮裡，服侍路易十四的家臣也會向聚在一旁的人大聲宣告：「國王準備吃蛋了」，隨後國王就在眾目睽睽下劃開水煮半熟蛋。任何社會階級的人都吃蛋，但一個人身分的雅俗，則要視烹蛋手法及文化背景而定。雅克母親在戰爭期間烹煮加了簡單起司醬料的水煮蛋——這對他來說是再質樸不過的家常料理；然而在美國料理界，只要用上了貝夏媚醬（其實就是白醬〔béchamel〕）這個字眼，就增添了一股優雅的法式風味。[94]

這一切令我不禁思考：我和爸爸真的是熱愛法式蛋料理食譜本身嗎？我們會有這樣的口味偏好，是否很大程度其實受到了階級向上移動的爸爸童年時正好歷經美國掀起法式料理熱潮的時代背景影響？不過這和我們真心享受製作料理的過程與成品又有什麼關係呢？我唯一確定的是，製作、品嚐這道專屬於法國總統的蛋料理，不管對於我還是摯愛的親友來說，都是我們能夠共享的獨特美好時光，那為我們的雙眼與舌尖帶來充滿新奇感的美學震撼。對我來說，這樣就足夠了。

viii 譯註：書名暫譯。

ix 譯註：書名暫譯。

第六章　如絲綢般的蛋

多數蛋料理都是我的心頭好，不過正如我在前文所說，我吃蛋只喜歡一種口感——如卡士達醬般濃郁滑順、軟嫩又有點濃稠、在舌尖創造如絲綢一般流動的口感。對我來說，真正的法式歐姆蛋——外面薄薄一層蛋包裹著裡面的滑嫩炒蛋，蛋中有蛋——才是最終極的蛋料理。雖然蛋料理大師雅克・貝潘曾在某一次跟我聊天時，說起他當天晚上想要「吃一大塊鄉村風歐姆蛋當晚餐」，但他最喜歡料理的其實還是經典法式歐姆蛋。

到底怎麼樣才做得出完美的歐姆蛋？這實在是個歷史悠久的大難題。我從一三九三年的《巴黎家政書》（*Le Ménagier de Paris*）裡找到了完整的製作方法，這大概是歷史上第一份法式歐姆蛋食譜，整體而言已經十分完整，找不太到需要改進之處。這本書的教學口吻就像年長紳士在教導年輕妻子如何烹飪一樣，證明了男性說教（mansplaining）這回事確實不論哪個年代都有。這份食譜裡說明了兩份歐姆蛋所需用到的食材與做法，其中加入的香草分量令人咋舌——光是做兩份歐姆蛋就要用到十三種香草。做法是要將這所有香草和薑一起切碎，再與十六顆蛋一起打散——十六顆！——做兩個歐姆蛋竟然用了十六顆蛋。步驟如下：

首先，以油、奶油或自選他種油脂熱鍋，鍋子夠熱後，從靠近鍋柄的地方將蛋液倒入鍋中，用鍋鏟或刮刀翻動數次後撒上磨碎的優質起司……最後將蛋沿著邊緣將起司蓋起來。[95]

換句話說就是加熱油鍋，倒入打散的蛋與香草後在鍋中翻動，撒了起司（如有用到）以後再對折，就這樣。假如我們撇開確切的用詞不管，比方說這片在蛋皮上放配料，好像還更類似波斯烘蛋（kuku）、義大利烘蛋（frittata）或西班牙烘蛋（Spanish tortilla）的料理到底是不是歐姆蛋，但總之上述依然是烹調所有歐姆蛋的基本步驟。而在這些簡單的料理步驟中，實在藏了無數細節可以深究！

首先是熱鍋——到底要多熱，而且到底要用什麼鍋？加入奶油或其他油——又來了，到底要加多少油？所謂「數次」又是什麼意思？而這份食譜教你做的，到底是經典法式歐姆蛋那種蛋裡又包著滑嫩炒蛋的料理，還是一大塊的鄉村風歐姆蛋，又或者只是把煎蛋餅對折？

過去二十五年來，我和爸爸真的已經嘗試過各種方式，試圖做出最完美的歐姆蛋。我們試過各種數量的蛋，用一顆、兩顆、三顆，甚至是八顆蛋來做，也比較過十二種不同鍋具做起來各是什麼感覺。配料則是從起司搭配香草，到煙燻鱈魚與荷蘭醬的組合（鬆煎鱈魚蛋）無一不嘗試。而加熱方式，我們摸索過用瓦斯爐直火、電磁爐、將鍋燒得極燙再離火、以小火低溫加熱等各種方式。在打蛋方式上，我們輪番試過用叉子、筷子、打蛋器、刮刀來打散雞蛋。至於蛋本身則用過一般的蛋、在蛋裡加鹽、在蛋裡加入鹽和塔巴斯科（tabasco）辣醬、在蛋裡加水和牛奶，甚至還試過把蛋和香草與酥脆麵包屑混合的配方。

儘管如此，我們依然沒辦法每次都做出完美無缺的法式歐姆蛋，然而這正是其美妙之處。爸爸向我解釋過他為什麼會不斷嘗試：「我會對歐姆蛋這麼感興趣，正是因為要做出完美的歐姆蛋實在不容易；假如每次都能成功，我大概也不會覺得做這道菜多有趣吧。不過正好，我就是這麼執著又追求完美的人。」只有真正的大師有辦法每次做歐姆蛋都完美演出，而雅克無疑正是大師中的大師。即便我們看過他靈巧的雙手一次又一次做出無數個歐姆蛋，東學一點、西學一點模仿了他的各種技巧，卻依然無法取代經過時間積累出的練習成果。最後我也只能這麼想：雅克的雙手就是有種屬於偉大主廚的直覺，對於蛋的特性有無比敏銳的感受力。

算起來，我們大約只有五分之一的機率能做出完美的歐姆蛋，然而這令人捉摸不定的特性，更增添了它的魅力。就像我爸說的：「那是一種轉瞬即逝的感覺——你做了一份歐姆蛋，吃下去以後擁有的就只剩回憶。你不能把歐姆蛋放在玻璃盒裡永遠保存，當成你曾經做出完美歐姆蛋的證據。你只能吃下肚，然後告訴別人你曾經做出一份完美的歐姆蛋。」關於歐姆蛋的一切都帶有稍縱即逝的特質，想做出一份絕妙的歐姆蛋，你得掌握火候、手臂的動作、加入的配料，同時分毫不差在恰當時機以恰當的動作調度這三件事。每一份歐姆蛋都是一次小小的藝術展演——出現在此時此地，隨著一口又一口的吞咽而消失。

我的確有許多製作歐姆蛋的經驗，關於品嚐歐姆蛋的回憶卻不多；好像一切在那一口如奶油般滑順、濃稠、滑嫩的蛋溜進我嘴裡時，統統都攪在一起了。我從家裡搬出去住以後，就開始用自己的歐姆蛋鍋——那是爸爸在我上大學前送給我的鍋子，是把相當耐用的碳鋼鍋——我帶著這把鍋子和朋友一起舉辦烹飪工作坊；而這些事再加上和爸爸一起做菜學到的種種，就是我記得跟歐姆蛋有關的所有回憶了。心理學家米哈里·契克森米哈伊（Mihaly Csikszentmihalyi）是首位提出心流（flow）概念的人，他也寫作了同名書籍。對我來說，和大家一起做歐姆蛋的工作坊為我帶來了許多次心流的經驗。沉浸在具挑戰性卻又不超出個人能力的工作裡，而這項工作本身也能帶來成就感，同時還能透過練習產生具體可見的進步——這一切加總起來，就能令人產生心流。以上種種描述，根本就是在說製作歐姆蛋的過程。想要臻於極致完美確實困難，但只要練習就一定會進步，而每一份成品十之八九都非常好吃。想進步，就得細心體察你的每一種感官：觸覺——在蛋液接觸到鍋子而升溫的瞬間，就要開始用叉子翻動雞蛋，你來回前後搖動鍋子會感受到重量，直到某一刻你決定蛋煮好了為止；聽覺——蛋在有點燙卻又不會太燙的奶油裡滋滋作響，耳邊還傳來朋友在一旁叫喊著給你建議；視覺——你不斷來回前後晃動鍋子，一看見蛋液凝固就算煎好，這是個決定性的瞬間；嗅覺——聞到奶油味，而不是焦味；以及味覺——成品吃起來應該要像卡士達醬一樣濃郁滑順。[96]

某次在租來的度假小屋裡有一場烹飪工作坊，我們大約五個人擠在爐子上的兩把鍋子周圍，努力煎出可能成功、也不乏做失敗的歐姆蛋給待在門廊的大家吃。過了兩個小時，耗費了四打雞蛋以後，我的朋友——飲食體驗設計師阿維塔·溫加（Avital Ungar）終於做出最完美的法式歐姆蛋，而我們停下手上的動作，喜不自勝看著她盤子上那份帶著淺黃色調、看起來軟嫩又柔滑的歐姆蛋，同時向她道喜。最好的成果我們這些主廚留著自己享用。

我的表弟基特（Kitt）也愛煮菜，他上大學前那一整年都住在我家和我爸媽朝夕相處。我爸爸也自然而然開始教他做歐姆蛋——他們大概就是一邊對著歐姆蛋鍋，一邊建立起兄弟般的情誼。後來，我爸當然也在基特準備離家上大學的時候，送了他一把碳鋼製長柄煎鍋當送別禮物。後來到我三十出頭的時候，基特在十九歲那年因為滑雪撞上樹而身亡，令我們全家悲痛不已。悲劇發生後的某幾天下午，幾個朋友跑來我家陪我。我們很自然就一部接著一部看起料理教學影片，然後跑去廚房拿出雞蛋開始做菜。記得當時我老公買完家用品回來時，大家都笑得很開心，感覺基特彷彿就在我們身邊一樣。我們其中一個人手裡端著盤子，盤子中央的蛋看起來就像一朵金黃色的曼陀羅花，我們四個人同時拿起叉子往盤裡的目標伸去。

我雖然不斷練習製作法式歐姆蛋，卻無法達到完美的境界，這讓我不得不相信，能夠掌握蛋料理訣竅的人身上絕對有某種魔法。而我爸說，我們很容易以為如果工具對了，高超的技巧便手到擒來，這也是為什麼他會有超過十二把琳瑯滿目、各式各樣的歐姆蛋鍋。某一次我和他講視訊電話，他把所有鍋子都擺出來給我看：其中三把是茱莉雅．柴爾德愛鍋的複製版，是用舊的魚雷外殼所製成；一把鋁製的歐姆蛋先生鍋（Mr. Omelet pan）是他和他姊姊一九六〇年代送給祖父的禮物；還有一對鑄鐵鍋，其中一個是他剛上大學時為自己購入的鍋子，另一個則是有平滑銑底的古董鍋，這個鍋子是他從稅務律師的工作退休時買給自己的禮物，在他心裡有特別的地位；除此之外，還有我爸心目中的平底鍋界的聖杯——法式藍鐵鍋（blue French steel）——所謂藍鐵其實就是用比較浪漫的說法來稱呼會沾鍋的碳鋼平底鍋而已。這種鍋子便宜又耐用，正是傳統上用來做經典法式歐姆蛋的不二選擇。不過藍鐵鍋和鑄鐵鍋一樣，都需要耐心保養——也就是得在第一次使用時好好開鍋，接著經過一次又一次的烹飪，靠著油脂加熱後在鍋面形成的油鏽養鍋。我的櫥子裡也有像這樣的八吋碳鋼平底鍋，也和爸爸一樣有那一點一點慢慢增加中的歐姆蛋鍋具收藏。

這時我媽走進了視訊畫面裡，我爸在她瞥見廚房的景象之前就先出言安撫：「等我跟麗茲講完就會把這些鍋都收回去。」於是媽媽只小聲喃喃說了些自己需要的根本不是口罩而是眼罩之類的話，不過經過了四十年的婚姻生活，她已經懶得干涉我爸買廚具的事了。媽媽對我說，有些男人退休後會開始賭博或買跑車，但我爸想買的卻只有歐姆蛋鍋；哦，還有小喇叭，不過那就留到別本書再談吧。

不過到底為什麼要買這麼多歐姆蛋鍋？其實這就是追求卓越的過程。我爸拿雅克來舉例：「你看著他手上在用的廚具，可能會心想『若是想要跟他一樣厲害，一定就需要一把一樣的鍋子吧。』而事實上，就算只是把木棍架在火上，雅克大概也能做出同樣的傑作。就因為歐姆蛋實在太難做得完美，我們才這麼著迷於購買各種歐姆蛋鍋。但就算是試用了新到手的鍋子，除非一再練習，練到真正學會與鍋中的蛋對話，不然還是一樣會搞砸。在這種情況下，你確實還沒領略歐姆蛋的語言，還學不會與雞蛋對話，那眼前也只好再買一個厲害的鍋子來嘗試了。」所謂「技藝不精卻怪工具差」就是這樣吧，而這也是誘使他一買再買各種鍋具的原因。

跟雅克談到歐姆蛋鍋具的時候，他說自己以前在巴黎曾有一段時間就是負責早餐檯的餐點，每天下班前他都要把自己專用的平底鍋藏好。他說：「我早上進廚房才會把它拿出來，用完就擦乾淨放回我的櫃子裡。」這個櫃子就是他在餐廳更衣室裡的儲藏櫃。我也記得大學的時候對於自己那把歐姆蛋鍋的特殊情結。我們全家一起創作了一本食譜書，在我貢獻的其中一道食譜裡，我就寫了這麼一句話：「你的歐姆蛋鍋獨一無二，千萬別讓室友碰它。」雅克當然也是這麼悉心保護自己的鍋子。假如把這樣一把平底鍋留在廚房一個晚上，可能就會有人不小心用它來煮水，結果直接毀了你隔天早餐的出餐工作。「我家裡牆上就掛著其中一把以前用過的鍋子，鍋形很美，不是那種深的平底鍋——形狀真的很漂亮。我就把它掛在牆上。不過現在我已經不用它了，因為會沾鍋。至於為什麼會沾鍋？因為我不常用啊。」雅克都已經高高掛起他的碳鋼平底鍋，而現代人烹飪的方式，也不再像雅克以前那樣了。[97]

也是在這時，雅克跟我討論到口感比較結實的鄉村風歐姆蛋。他說：「基本上那就是我媽媽和阿姨會做的歐姆蛋。」然後他又補充道：「其實大多數法國人都不會做經典法式歐姆蛋。」我一直以為自己是在模仿法國人吃的家庭料理，但其實我和爸爸這些年反覆努力想做到完美的料理，根本不是一般法國人在家會做的歐姆蛋。雅克說，這種經典法式歐姆蛋其實是屬於精緻餐飲的菜色，所以對他來說，經典法式歐姆蛋便代表他在巴黎高級餐廳工作的那段時光。

在和健治討論經典法式歐姆蛋之前，我事先做了更多功課。我這個人很堅持（甚至可以說是熱愛）使用藍鐵鍋煎歐姆蛋，而健治則比較喜歡用不沾鍋。他還告訴我：「要用碳鋼鍋具煎歐姆蛋，那就真的要把溫度抓得剛剛好才行。」我也深知這一點。一把碳鋼鍋就算經過好好開鍋、養鍋，單單只是瓦斯爐旋鈕往左或右多轉一毫米、多熱或少熱兩分鐘鍋、雞蛋本身的溫度，或以上三項因素加總起來的些微差異，就可能帶來截然不同的成果。你有可能會絲毫不沾鍋煎出柔嫩的歐姆蛋，不然就是搞出沾黏得一塌糊塗，甚至可能過熟、燒焦的歐姆蛋。要煎好一份歐姆蛋，真的不容易。我也從這一切歸納出兩件事——第一，煎出經典的法式歐姆蛋的確是一門專業；第二，只有大師才有辦法用經過妥善養鍋的碳鋼長柄煎鍋，煎出漂亮的歐姆蛋，因為整個過程中根本容不下犯錯的空間。

原來這麼多年來，我們都像是在電玩裡用困難模式戰鬥一樣，想辦法製作這道專業料理。

不過，我跟不沾鍋有仇。十六歲那年，我用一把已經刮花的不沾鍋煎歐姆蛋，雖然那次煎出的成品很完美，但那把不沾鍋上留有之前煎鮭魚的油味，那股氣味就沾上我完美的歐姆蛋了。於是多年來，我一直對不沾鍋不屑一顧，覺得它就是美國消費主義催生出的消耗品而已。畢竟我們總會刮花不沾鍋，但碳鋼鍋可以用一輩子。即便如此，這幾十年來不沾鍋的研發科技顯然有大幅提升，連我最敬重的兩位主廚都開始使用不沾鍋了。健治用不沾鍋做歐姆蛋，雅克也是，我們又憑什麼反對？

所以我和爸爸又在歐姆蛋鍋具收藏裡增添了一名生力軍。而我不得不說，真正使用過後，我對不沾鍋的態度有了一百八十度大轉變。我雖然還是很迷戀碳鋼鍋具那種難搞的浪漫，但不沾鍋真的太好上手了。只要把用來翻動歐姆蛋的叉子換成木筷子，接下來無論我用的火候是文火、小火還是中小火——君不見我每次都成功做出了口感柔嫩又帶有淺黃色澤的完美歐姆蛋。

我真的很愛吃法式歐姆蛋，但並不偏好傳統口味，或者應該說我不喜歡的就是法式傳統口味——那種加了起司或香草的法式歐姆蛋。我喜歡的是一九八五年經典美食電影《蒲公英》（*Tampopo*）裡那群浪人廚師所做的料理。這部電影的主題扣著現代日本的人與飲食之間的關係。整部電影有一種愉快的氛圍，它借來一些源自於西部電影和功夫電影的靈感，因此有戴著牛仔帽的卡車司機角色；在電影情節中，這位卡車司機決定要訓練開拉麵店的單親媽媽，教她做出日本第一的拉麵。訓練過程的畫面經過剪接，有許多扛起拉麵湯鍋的場景。這部電影的另一條故事線則是一名黑道老大與女朋友透過食物探索情欲；其中有一幕他們一邊親熱一邊在唇齒之間互傳一顆生蛋黃的畫面，令人印象深刻。除此之外，還有幾個與食物主題稍有關聯的片段，其中之一是戴牛仔帽的卡車司機帶女主角認識浪人廚師團，他們總是在這座城裡最棒的餐廳後面閒晃，撿那些只喝了一半就丟棄的高級紅酒來喝。就在女主角專心學習關於紅酒的知識的時候，其中一位浪人廚師帶著女主角的孩子去弄些點心來吃。背景響起查理・卓別林（Charlie Chaplin）的音樂，他們悄悄躲開警衛，溜進了餐廳的專業廚房裡。

小男孩得到的點心令人口水直流——有一顆完美的法式歐姆蛋放在一團加了番茄醬翻炒出的米飯上。浪人廚師把蛋從中間劃開，等濃稠的蛋液流出來以後再淋上更多番茄醬。這道閃閃發光的料理看起來絕對好吃。然而日本對我們來說是如此遙遠，YouTube上有是有這道日式蛋包飯（omurice）料理的完整做法，但那些影片都已年代久遠。於是我和爸爸把電影裡的這一段反覆看了九次還十次，接著便直奔瓦斯爐。這依然是我至今最愛的歐姆蛋料理：蕃茄蛋炒飯那特別的口感和強烈的口味，與雞蛋的滑嫩形成了鮮明對比，蛋上面多加的番茄醬更別有一種如布丁般的有趣口感，與下面油潤的蛋相比，更顯得輕盈薄透。不管在法式還是中式料理中，番茄和蛋不僅是經典組合，番茄炒蛋更通常是孩子學做菜的第一道必學料理。我確實很喜歡中式煎炒料理，但在我心中，沒有什麼比得上日式蛋包飯。這份愛一部分來自於日式蛋包飯本身的風味與口感，但還有另一部分則是源自於我和爸爸一起看這部小眾電影，用我們的方法努力重現片中料理的回憶。

我爸爸對於做出完美歐姆蛋的癡迷，其實源自於他的母親，也就是我前面提過那位養雞的農家女孩。她個性嚴謹，做事也總是堅持要用對的方法，換言之——她的方法，無論為此要花上多少時間都沒關係。除此之外，爸爸受祖父的影響也不小；祖父出身自紐約州北部的窮困家庭，而且是七個孩子當中的老大。他靠著美國軍人權利法案（GI Bill）去唸了技術學院——當時他是全家族第一個取得如此高學歷的人——於是祖父後來成了一位工程師，專門設計用來測量氫彈試爆情形的無人飛機。對於我那生長於貧困環境的祖父來說，品嚐食物（特別是高級食物）就是最棒的冒險。某一年聖誕節，他想試試烤乳豬的滋味，結果帶回家的卻是隻已經一歲大的冷凍豬崽。因為這隻豬的四隻腳各自朝前後伸直，我們最後還得靠鋸子肢解才能放進冰箱裡。還有一次，他在某本名人時尚雜誌裡看到所謂的丹麥酥（Danish pastry），便拉著我爸一起動手試做；又有一次，他和空軍基地的同事合資，從緬因州訂了一大船活龍蝦。在我們對料理的各種研究調查中，我爸貢獻了來自他父親的冒險精神，以及他母親對精準的追求，而這份熱忱也由我徹底傳承，因此我們便一起沉迷於探索蛋這種食物的冒險歷程。

在結束關於料理中雞蛋的討論，往下一個議題邁進之前，我想再談談代表雅克·貝潘人生各階段的最後一道蛋料理。就算已經八十幾歲，雅克對蛋的熱愛依舊不減，也仍在樂此不疲地研究新的蛋料理。他說：「我最近都用**舒肥**（sous vide，又稱為真空低溫烹調法）手法來料理雞蛋，也就是以大約攝氏六十四、六十五度的低溫烹煮雞蛋一小時，就能得到質地絕妙的雞蛋——蛋黃和蛋白的口感都會很棒。」舒肥這個字的原文是法文 sous vide，意思指的是「真空狀態」（under vacuum）。要舒肥食物，就要把食物泡在設定了精準溫度的水中夠久。舒肥雖然常被視為全新的料理方式，但雅克卻表示，早在一九六〇年早期他擔任豪生酒店的主廚時，就已經用過真空袋烹煮食物了——他說：「兩者基本上是同一回事。」一般而言，若要以舒肥方式烹煮食物，就得使用舒肥袋——也就是抽出空氣達到真空狀態的塑膠袋——不過雞蛋本身就已經是一種天然密封狀態的食材，因此你把雞蛋泡在水裡低溫烹煮一段夠長的時間（在雞蛋這種食材的時間尺度下，四十五分鐘彷彿就跟永遠一樣久）後，就能製作出具有全新口感的雞蛋。你可以單純將雞蛋以巴斯德消毒法[i]（pasteurize）很快加熱後就食用將近全生的雞蛋，那滑嫩的滋味實在銷魂，也可以繼續加熱到雅克比較喜歡的程度——只要調整烹煮時間，就能做出各種狀態的蛋，從生熟程度完美的水煮蛋，到蛋黃依然維持柔軟、滑順的狀態都沒問題，而這樣的雞蛋幾乎是只能靠舒肥手法才得做出來。除此之外，舒肥的烹調技巧不僅

i 譯註：以攝氏七十至九十度短暫加熱，殺死液體中的微生物以確保食物品質。

不需要花太多心力看顧過程，也是人人都能輕鬆辦到的手法，同時還能得到直截了當又甜美豐碩的成果，正好符合剛推出《快速簡單烹飪技巧》（*Quick and Simple*）食譜書的主廚雅克・貝潘的料理美學。[98]

我和老公一拿到剛買的舒肥機，就立刻參考紐約國際廚藝中心（International Culinary Center）料理技術總監戴夫・阿諾（Dave Arnold）的煮蛋圖（egg chart）把蛋丟進去煮。這張煮蛋圖在網路上廣為流傳，圖裡可以看到各式各樣狀態的雞蛋，從半生熟到經過舒肥的奇妙狀態（蛋黃依然處於能夠塑形的狀態，甚至可以桿成片狀），一路再到全熟蛋（不過大家的共識是，若想煮全熟水煮蛋最好還是用平底鍋，蛋殼會比較好剝）。我真的超愛用舒肥法烹調雞蛋，要不是我的遊戲設計師好友沈智恩（Jeeyon Shim，音譯）推薦了我另一道蛋料理，舒肥雞蛋大概就會排在半熟水煮蛋和日式蛋包飯後面，成為代表我人生歷程的最後一道蛋料理了。[99]

然而智恩卻寄了一份食譜給我，那是她最愛的療癒美食：韓式蒸蛋（ttukbaegi gyeranjjim）。這是一道把雞蛋放在陶碗裡蒸的韓式料理，成品口感柔嫩無比，可以用湯匙一勺勺舀起來吞下肚。這道菜總是讓她想起母親。把雞蛋從蛋殼打出來以後再蒸？我聽都沒聽過這種做法，也因此立刻被勾起了興趣。

蒸蛋在東亞顯然是相當常見的料理形式，不同國家也都各有特殊的蒸蛋料理——把蛋和各種液體混合以後放進烤皿，再將容器放進水裡或放在水面上蒸煮，也可以裝在有蓋的容器裡小火慢煨。至於蛋與液體的比例會隨著不同料理有各種變化，蛋水比從二比一到一比三都有。受到爸爸影響甚巨的我，首先便從最簡單的蒸蛋料理開始著手——其實就是最基本的中式蒸蛋。假如想要吃得更豐富一點，可以加入豬絞肉或其他配料，但蒸蛋的基本元素其實就只是蛋、水、一撮鹽而已。我按照郭薇（Wei Guo，音譯）在她的部落格Red House Spice刊載的食譜〈完美主義者的蒸蛋羹〉（Chinese Steamed Eggs, A Perfectionist's Guide），將蛋與水以一比二的比例混合，加入一撮鹽，接著再將蛋液過篩。蒸蛋的過程中，水蒸氣會在鍋蓋上凝結，水一往下滴到底下的蒸蛋，表面就會變得坑坑洞洞，要怎麼讓蒸蛋的表面完美無缺，每個料理人都有各自偏好的方式。我按照郭薇提供的方法，把保鮮膜蓋在裝了蛋液的烤皿上、戳幾個小洞，這樣既能保護蒸蛋的表面，蒸氣也能從小洞排出。我把烤皿放進蔬菜蒸架加熱，直到蛋液凝固為止，不過因為我在蛋裡加的是涼水而不是郭薇建議的溫水，所以花了比食譜建議的十到十二分鐘更多一點的時間才蒸好。把蒸蛋拿出來，撇去結塊的蛋液以後在表面劃出裝飾性的刀痕，然後加一些醬油、香油，再撒點蔥花就完成了。這道料理實在驚為天人。那介於布丁與烤布蕾之間的口感——在舌頭上如絲綢一般滑順溜過，卻又帶著一股醬油的鹹香。這種蒸蛋不僅輕盈，又絲滑柔嫩，包含了所有我熱愛的蛋料理元素。於是我徹底迷上了蒸蛋，而這股狂熱也感染了我爸爸。嚐過蒸蛋那勾人的滋味以後，他立刻下訂了合適的廚房道具——有蓋的小茶杯以及一次可以容納四杯蒸蛋的大蒸鍋。[100]

當然，我們也不可能只試過一種食譜就罷休。

在傳統的韓式蒸蛋中，用來與蛋混合的液體是鯷魚高湯而非清水，也可能會加入日式高湯、味醂和香油，料理方式更是千變萬化。智恩會直接把裝了蛋液的碗放在水裡蒸，但其實除此之外還有很多種方式。可以把高湯放在石鍋（dolsot）裡加熱，將蛋打散、過篩，加入像紅蘿蔔絲或蔥花之類的配料後，以畫圈的方式倒入石鍋；當然你也可以選擇在蛋蒸到一定程度但未完全凝固時加入配料，這樣這些食材就不會全沉到最底部。蓋上石鍋以後將火轉小，蒸蛋就會在蒸煮的過程中慢慢膨脹，每個人偏好的蛋水比例可能不盡相同，但差不多是一比一就好。韓式蒸蛋吃起來就像不加奶的蛋奶凍與高湯的組合，美味又多汁，不過也因為韓式蒸蛋的蛋液中水的比例較低，成品不會像中式蒸蛋那麼細膩滑嫩。把石鍋蓋上蓋子放在火源上的烹調方式，也會創造出不一樣的蒸蛋口感。中式蒸蛋像豆腐一般柔嫩，而韓式蒸蛋則是柔軟蓬鬆，看得到結塊——底部還有些許美味的高湯能讓你在最後一飲而盡。這種蒸蛋不僅美味，還讓人想起家的味道，實在療癒。

日式茶碗蒸的做法則是把高湯與蛋液混合，且通常會佐以味醂和醬油。對於蒸蛋料理，每個人都會有自己偏好的蛋水比例，不過以日式蒸蛋而言，蛋水比例可以一路拉高到一比三，也正因如此，日式蒸蛋是所有蒸蛋料理中最軟滑彈嫩的一種。除此之外，日式蒸蛋還有可愛又具藝術性的配料——可能是一隻蝦子、一片蘑菇、刻花的紅蘿蔔。不過，按照我那在日本住過幾年的婆婆的說法，我和爸爸加入的配料或許有點過頭了，但最後的成品依然十分美味。茶碗蒸這種料理能夠把少少幾隻蝦子的美味發揮到極致，其蛋液也和中式蒸蛋一樣，得先過篩後再注入茶碗，也因此造就了它極致滑嫩的口感。由於茶碗蒸蛋液裡加入的水分較多，每一杯茶碗蒸底部都會有超美味的高湯，和韓式蒸蛋頗為相似。

我在社群媒體上記錄了鑽研蒸蛋料理的整個歷程，許多朋友回覆自己的祖母也做過類似的料理——蒸蛋不僅有療癒人心的作用，可能也是大家最愛的早餐菜色。總歸來說，我做了完美的蛋料理實驗。我們嘗試全新的事物，得到了簡單、健康又美味的成果。蛋料理好就好在烹調方式有無數種變化，眾人也能就料理方法有各種討論。我們在廚房度過了許多美好時光，一邊動手料理一邊閒聊——聊聊關於孩子的事、談論我的寫作事業、聽爸爸和我分享他熱衷的喇叭等各種話題。此外，蒸蛋這種料理還符合各種「廚房神話」的要素——經典食材、全新的料理手法、購入新烹飪道具的契機，而其中最棒的是那種祖母為摯愛家人準備療癒美食的意象。我們雖然沒有出生為中國人、韓國人、日本人的祖母，但是可以模仿她們料理的方式，那不僅滿足了味蕾，也讓我們在大腦中構築出異國文化的樣貌。

食物承載著每個人深刻的身分認同。代表雅克人生的蛋料理有蛋凍、水煮蛋、歐姆蛋、舒肥蛋；對我來說則是半熟蛋、日式蛋包飯、舒肥蛋，現在還加入了蒸蛋。我爸爸會一次做好四碗蒸蛋，然後把剩下的蒸蛋放進冰箱裡，留待下次配烤吐司吃。這正是所有人享受蛋料理的方式——也就是按照自己的喜好隨意變化。雞蛋是料理界中最千變萬化的成員，它能夠成為世界上各大洲和各種文化之間的橋樑，是因為蛋所具有萬千可能性的特質能夠順應各種口味。也許我們每個人並不是雪花那樣獨一無二，而是像按照個人喜好精準做出的蛋料理一樣別無分號。這又讓我想起了雞蛋這種食材蘊含的矛盾特質：你可以用任何食材搭配雞蛋，但是吃起來都一樣美味。就像雅克在影片裡數次提到的那樣，料理就算搞砸了也沒有關係，不會有誰為此逮捕你。用雞蛋做各種嘗試的風險不高，卻可能帶來極致的美味。要想看見一個人最好的一面，就得像在火爐上烹煮雞蛋一樣悉心照顧與對方的關係、一點也不馬虎，甚至是用對方最喜歡的蛋料理熱情款待。

第七章 烏克蘭復活節彩蛋

這世界上有許多文化都熱愛裝飾蛋殼。在中國，紅蛋象徵幸運，因此中國人習慣在生日時以紅蛋慶祝——特別是在小孩滿周歲時——除此之外他們也會在其他特別的日子（如小孩第一天上學）吃紅蛋。諾魯茲節（Nowruz）是波斯人的新年，他們有用各種方式裝飾蛋殼的慶祝活動。波斯人會將甜菜（粉紅色）、紫甘藍（藍色）、薑黃（黃色）及其他天然染料化入水中，再將蛋放進去煮到熟透，這樣蛋就能染上各式各樣的顏色。也有些人會把香草或花朵綁在蛋上，包裹薄紗棉布後再水煮，起鍋後就會有漂亮的圖案印在蛋殼上。另外有些人則是選擇以色筆在蛋殼上塗色或作畫，我看過的諾魯茲節彩繪蛋圖片中，就包含了水果、人物和金魚的圖案，還有手寫字和抽象的設計圖樣。波斯人有名為索夫蕾（sofreh aghd）的傳統婚禮布置，裝飾婚禮的材料就包括以各種奢華材質裝飾的蛋，蛋殼上可能會有銀珠、萊茵石或金葉子，象徵新人豐沛的生育能力。至於墨西哥則有五彩碎紙蛋（cascarones）的習俗——在中空的彩繪蛋裡填滿五彩碎紙。他們會在春季分把五彩碎紙蛋砸在兒童頭上，讓色彩繽紛的碎紙片從蛋裡四散出來，青少年也會把五彩碎紙蛋砸在彼此頭上，與異性調笑嬉鬧。除此之外，匈牙利也有相當有趣的民間傳統：鐵匠會把雞蛋吹乾淨後再用迷你馬蹄鐵裝飾蛋殼，彰顯自己精湛的技術。[101]

自古以來，許多文化都有以彩繪蛋殼來表現的藝術創作。南非中部的理察斯維德（Richtersveld）沙漠裡，有個年代為六萬多年前的史前洞穴遺跡——史匹茲魯夫A（Spitzkloof A）。考古學家在這個史前遺跡層層疊疊的古老泥沙之下挖出了鴕鳥蛋殼碎片，這並不奇怪，畢竟鴕鳥在石器時代遍布非洲大陸各處。不過這些挖掘出來的鴕鳥蛋碎片上卻有豐富的色彩——明亮的藍綠色及紅色、柔和的棕色與黃褐色、白色與黑色。這些多彩的鴕鳥蛋殼碎片令主持挖掘計畫的布萊恩·史都華博士（Dr. Brian Stewart）忍不住陷入思考，那到底是人類刻意為之的色彩，還是環境因素所致？然而他卻無法推敲出明確的答案，畢竟這些蛋殼已深埋地底長達六萬年的時間，而且理察斯維德沙漠的這個區塊還是古時候人類密集生火的區域。

史都華博士沒有六萬年的時間等待下一次答案自然揭曉，所以他決定和考古團隊攜手冒險，做一次非正式的實驗。首先他們挖了個大洞，接著再把打碎的鴕鳥殼埋在不同深度，最後在地面上用柴堆生火燃燒數小時，以模仿大家認知中的遠古人類行為。等到火堆和下面的土都冷卻了，他們就把鴕鳥蛋殼挖出來，觀察到底產生了哪些變化。接近地表的鴕鳥蛋殼受到火源的影響最大，因此都變白或變黑了；再往下一點的鴕鳥蛋殼則轉為深咖啡色；再更下方一些的鴕鳥蛋殼則出現了亮黃色的色澤；而最底部的鴕鳥蛋殼呈現出乳白色澤。儘管這並非正式嚴謹的實驗，但他們確實發現單靠地表的火源無法使地底下埋藏的鴕鳥蛋殼變成明亮的藍綠色或紅色，因此史前人類或許真的有可能為其中一些鴕鳥蛋殼染色。

從其他考古學家的探勘紀錄來看，會在這個地點發現裝飾過的鴕鳥蛋殼其實也很合理。史匹茲魯夫A遺跡往南五百公尺處，另外有一片年代至少為六萬年的狄普克魯夫（Diepkloof）岩棚。多年來，在那裡勘查考古遺跡的考古學家也找到了許多鴕鳥蛋殼，其中就包括刻有各種圖案的碎片。這些圖案有的看起來像鐵軌，有的像棋盤，還有些則是數條平行線以傾斜角度相互交叉。針對這些有缺口的鴕鳥蛋殼碎片，史都華博士寫道：「這些是世界上最早出現的抽象概念的證據，也呈現了與現代人類相去不遠的行為模式。」[102]

這些經過裝飾的鴕鳥蛋殼確實有其用途。史都華博士認為，每一顆鴕鳥蛋上獨一無二的圖案能夠標明蛋的主人是誰、屬於哪個群體，就像有些人會在車子的保險桿或筆記型電腦上貼貼紙那樣。

遠古時期的人類也會把鴕鳥蛋殼當作裝水的容器，畢竟鴕鳥蛋殼質地耐用，圓頂構造更是結實穩固。史都華博士也進一步解釋：「鴕鳥蛋非常堅固，不僅不會太大（平均容量約為一公升）又兼具透氣特性，水裝在裡面就能保持清涼……人類很有可能就是因為發明了把鴕鳥蛋殼當成水壺的用途，才有辦法在非洲最乾燥的撒哈拉以南地區生存。」不過取得鴕鳥蛋是一件有風險的事。一般而言，鴕鳥可以長到約二．七公尺高、將近一百五十公斤重，而且牠們還有大約十公分長的利爪，跑起來的最高時速可達七十二公里左右，更別說牠們還有強壯到可以踢死獅子的雙腿了。而幸虧鴕鳥有特殊的習性，牠們會以「托嬰中心」的機制照顧來自同一群體的鴕鳥蛋，母鳥會把蛋——至多可達六十顆——產在整個鴕鳥群共有的巢穴裡（基本上就是在沙子裡挖出一個洞）。地位最高的母鴕鳥才能把蛋產在這個洞的最中央，其他母鴕鳥只能把蛋產在周圍。這隻領頭母鴕鳥能夠分辨哪些是自己的蛋，還會因為鴕鳥的身軀一次只能孵二十顆左右的蛋，而把其他母鴕鳥的蛋往外推，讓自己的蛋享有最好的位置。領頭公鴕鳥與母鴕鳥會負責輪流孵蛋和守護巢穴。母鴕鳥偏淺灰棕色的羽毛是白天日光下最好的偽裝，而公鴕鳥的黑色鳥羽則能夠在黑夜發揮隱蔽效果。大家應該都聽過鴕鳥會把頭埋進沙堆，這個形象被借來比喻一個人自欺欺人——這其實是個迷思，鴕鳥每天數次將頭探入巢穴真正的目的是要翻動鴕鳥蛋。也因為鴕鳥有這種習性，只要你能打敗負責看守巢穴的鴕鳥，就能一次收穫大批的鴕鳥蛋。[103]

遠古時期的人類巧妙躲過看守巢穴的鴕鳥以後，就可以偷到鴕鳥蛋，再製作成裝水的容器。為了徹底了解把鴕鳥蛋殼做成水壺的方式，史都華博士以喀拉哈里的原住民桑族人（San people）為研究對象，這些原住民至今依然會用鴕鳥蛋殼來裝水。桑族人首先會在鴕鳥蛋頂端鑽出小洞，插入草或蘆葦把蛋黃與蛋白攪散，之後就能輕鬆倒出所有內容物。鴕鳥蛋是世界上最大的蛋，體積大約就跟兩打雞蛋差不多，因此桑族人絕對不會浪費從鴕鳥蛋裡倒出來的蛋液。他們將打散的蛋倒在加熱過的物體表面上，就能做出巨大的歐姆蛋了。接下來他們會清洗中空的鴕鳥蛋殼，再用草或蜂蠟當作塞子，水壺就完成了。除了完整的鴕鳥蛋殼以外，遠古人類也會妥善運用鴕鳥蛋殼碎片，他們會把這些碎片磨製成小珠子，用來與他人交換。這些鴕鳥蛋殼製成的珠子甚至會一路輾轉，流傳到幾百公里外的地方。

至於在其他文化中，鴕鳥蛋則有特殊的象徵意義。對古埃及人來說，因為鴕鳥總是在清晨拍動翅膀、奔馳，因此他們便將鴕鳥與太陽聯想在一起。女神瑪亞特（Maat）掌管死亡、真理及正義，她會頭頂鴕鳥蛋，其象徵符號也是鴕鳥羽毛。瑪亞特負責在人類死後進行道德審判，她會將亡者的心臟與代表真理的鴕鳥羽毛各自放在秤的兩端，假如亡者生前多做惡事，心臟就會變重，而這條靈魂的命運也因此受到秤重的結果左右。假如亡者的心臟比瑪亞特的鴕鳥羽毛還要重，阿米特（Ammit）——由鱷魚、獅子、河馬三種動物組合而成的怪物——就會立刻吞掉這顆心臟；而倘若心臟與鴕鳥羽毛等重或甚至更輕，這名亡者就能繼續前往歐西里斯（Osiris）所掌管的天堂。埃及人會在鴕鳥蛋殼上繪製或刻出圖案，可能埋進墓穴裡當成陪葬品，也可能當作貢品獻給法老王。[104]對古希臘人來說，鴕鳥蛋象徵著生育能力與豐饒，例如考古學家就曾在祭祀阿波羅和卡斯托（Castor）與波路克斯（Pollux）（宙斯化為天鵝與麗達〔Leda〕發生性關係後，麗達所生下的蛋孵化出這對雙胞胎兄弟）的神廟中發現了鴕鳥蛋殼碎片。古希臘人也會把裝飾過的鴕鳥蛋——不管是雕刻、彩繪或是飾以各種金屬——當作奢侈品，在古地中海地區流通交易。而對於科普特正教會（Coptic Christians）來說，鴕鳥則同時代表子宮與墓穴——小雞從蛋裡破殼而出，便象徵著耶穌自聖母瑪利亞的子宮誕生，以及後來從墓穴中復活的形象。除此之外，過去鴕鳥被認為是靠著不斷緊盯著蛋來使其孵化，因此牠們也象徵了警醒與專注，而這正是信徒應該對神展現的特質。[105]

正因為蛋蘊含了各種涵義——象徵純潔、重生、警醒與信仰——義大利人才會將蛋掛在教堂裡。知名義大利文藝復興時期大師皮耶羅．德拉．佛朗切斯卡（Piero Della Francesca）的畫作《蒙特費爾特羅祭壇畫》（*Brera Altarpiece*）中，聖母與聖嬰的周圍環繞著聖人與天使，天花板穹頂則懸掛著一顆蛋。藝評家將這顆掛在穹頂下的蛋比喻為牡蠣中的珍珠，暗喻信徒因為心懷堅忍的勇氣，透過神的愛將原本有所缺陷的人生轉化為完美新生。這幅畫同時也在一九五〇年代至一九七〇年代之間，引起了藝術史界的激烈討論，許多學者在數十年間爭相發表文章來探討那顆蛋到底是不是鴕鳥蛋。因為佛朗切斯卡運用了精準的透視繪畫技巧，有學者便試著透過畫中蛋的比例回推實際尺寸，並以此為憑據爭論佛朗切斯卡本人到底有沒有看過鴕鳥蛋（也許這是向那些有財力擁有鴕鳥蛋、也為這幅畫投注資金的贊助者的致意？），而且他們還對其中的象徵意義激烈論證。其中一名學者認為，這顆蛋或許就是麗達的天鵝蛋。如果真是這樣，畫作前景的聖母與聖嬰，或許就代表新信仰取舊信仰而代之了。對我來說，這幅畫裡的蛋集結了以上各種意義——象徵著聖母瑪利亞生下耶穌的聖誕、基督徒因信神而獲新生、新信仰的開端，同時也有隱含的「虔誠即警醒」的信念。[106]

一顆蛋竟能蘊含如此豐富的象徵意義，也難怪人類會大肆妝點它，還發展出與蛋相關的各種繁複習俗。關於彩蛋形形色色的用途，集結了最完整介紹的當屬韋納西亞・紐沃爾（Venetia Newall）一九七一年出版的專題著作《復活節與蛋：關於蛋的民俗研究》[i]（*An Egg at Easter: A Folklore Study*）。這本書探討了世界各地與蛋有關的習俗，更羅列出關於蛋的各種奇妙信仰與行為。紐沃爾將蛋與各種概念連結在一起，包括了生育能力（這點就不言自明了吧）、純潔（完美無瑕的潔白蛋殼）、復活（從中誕育新生），以及犧牲（蛋常用來代替活生生的動物作為祭品）等等。彩蛋有各式各樣的用途，例如：有些文化的習俗是把裝飾過的蛋埋在建築的地基下；婦女生孩子時在她們腹部上把彩蛋敲開；也有些習俗中的彩蛋給（或不給）年輕女孩，是為了提升（或破壞）生育能力。彩蛋可能被當作催情藥來服用，也能作為陪葬品，還能用來招喚靈魂，種種用途不一而足。紐沃爾也記錄了多得令人難以想像的春季民間習俗——東歐人會將彩蛋埋在田裡以祈下一次豐收，年輕人也會互相交換彩蛋以表達好感。雖然在春天裝飾彩蛋很可能是在基督教出現前便已存在的習俗，但基督教卻吸納了彩蛋傳統並與自己的神話融合。波蘭便有這麼一個古老的說法：聖母瑪利亞會畫彩蛋來逗還是寶寶的耶穌開心；另外一則故事

i 譯註：書名暫譯。

則是說抹大拉的馬利亞（Mary Magdalene）為了替耶穌的屍身塗抹油膏而前往耶穌的墓穴，當時她帶了水煮蛋當午餐，而就在她抵達墓穴時，這些蛋卻變化、呈現出明亮的色彩——這就是神蹟啊！[107]

無論如何，這種種與復活節彩蛋有關的習俗，就只能用宗教融合（religious syncretism）的現象來解釋了。首先，復活節彩蛋被認為有神奇的治癒能力，正如紐沃爾在書中所寫，從腰痛到皮膚問題等等「各種你想得到的不適」都可以解決。不過紐沃爾的著作中所記載最超乎你我想像的習俗——至少就我目前所見而言——則如下：

亞當．威肯（Adam Weikand）是教會裡的重要人物，也是富爾達地區主教的家醫，他描述了自己在十八世紀末親眼所見，但卻實在令人不適的民間儀式。一隻驢子被牽進了棕枝主日[ii]（Palm Sunday）的慶祝活動，婦女們將彩蛋塞進驢子的肛門裡以求庇佑。

雖然我懷疑這只是類似都市傳說的虛構故事，但還是忍不住想像出一群德國農婦前往教堂禮拜之前圍著一頭驢子的畫面，她們對彼此說：「我們等一下要去基督教的禮拜，對吧？」[108]

關於復活節彩蛋的種種民間習俗實在太令我目眩神迷了。許多國家都有討彩蛋的傳統，例如以瑞典來說，女巫會在濯足節（Maundy Thursday）與惡魔相聚並縱情聲色狂歡——實在很難不喜歡北歐人啊——所以兒童會穿著老舊、寬鬆的衣物，在臉上塗胭紅、畫斑點，打扮成「復活節老巫婆」或「復活節女巫」（påsk-kärring），沿著大街小巷到鄰居家討彩蛋和糖果。在匈牙利的鄉村與其他地區，男孩則會在復活節星期一（Easter Monday）用水潑女孩子，因此這一天又被稱為「濕淋淋星期一」（wet Monday），女孩要是想避免再被潑得滿身濕，就得把彩蛋給男孩作為交換。在過去，斯洛維尼亞的女孩子會將紅色的彩蛋送給中意的男性，期待對方會愛上自己。另外，波蘭以前還有像是拍賣女孩的傳統，女孩子會坐在乾草堆上，聽著心儀的男孩類似在拍賣會細數一頭牛或一匹馬的優點那樣讚美她們，最後的勝出者就可以獲得女孩親手裝飾的彩蛋。[109]

此外，東歐地區還有製作、交換復活節彩蛋（pysanky）的習俗，這種彩繪蛋的古老藝術形式絕無僅有，每個地方都有獨一無二的設計與技巧。例如在波蘭，製作彩蛋

ii 譯註：指復活節之前的星期日，以紀念耶穌受難前進入耶路撒冷時人們以棕欖枝歡迎他的景象。

（波蘭稱之為pisanki）的技巧包含了以紗線和蘆葦內海綿狀構造當作彩繪工具的繩飾法（oklejanki），以及把蛋浸入蜂蠟再刮除、染色的蠟染法（pacenka）。烏克蘭是以具有細膩又錯綜複雜圖案的美麗彩蛋而聞名，他們的彩蛋就像拼布與刺繡作品一樣，有梯子、網格、耙子、三角形、星星、螺旋、鋸齒、麥稈、葉子及其他多種主題的圖案，再搭配醒目絢爛的色彩。這些彩蛋圖樣會在母親與女兒之間代代相傳，每個村莊、每個人所設計的圖樣與色彩也都有獨一無二的特殊意義。

想要追尋東歐復活節彩蛋的歷史沿革並不容易，蘇聯政府統治烏克蘭時期就因為宗教因素禁止民間製作復活節彩蛋，因此這種民間藝術幾乎完全消失。除此之外，不僅蘇聯政權刻意破壞具歷史意義的彩蛋藏品，這些彩蛋還因為第二次世界大戰的破壞而大量佚失。在《烏克蘭民間藝術——復活節彩蛋》[iii]（*The Ukrainian Folk Pysanka*）一書中，作者維拉．曼科（Vira Manko）解釋：「當時正值蘇聯政權占據烏克蘭的時期，因此這種藝術形式就成了必須徹底摧毀的首要目標。」烏克蘭裔的美國復活節彩蛋藝術家暨研究學者露巴．佩楚沙（Luba Petrusha）也同意這種觀點，她的網站詳細記載了一九三〇至一九八〇年代的烏克蘭藝術史，她也在網站上寫道：「真的就彷彿東歐復活節彩蛋這種民間藝術從未出現在烏克蘭一樣，不僅沒人研究，博物館裡也絲毫不見其蹤影，更見不到任何相關主題的書籍或展覽。」然而這種藝術形式就和生命一樣，自會找到出路；佩楚沙又繼續寫道：「然而卻還是有少數婦女在自己的村莊裡保留了烏克蘭的傳統工藝與儀式，她們會在復活節假期製作彩蛋，讓這項古老傳統與代代相傳的設計圖樣得以存續。」在烏克蘭民間傳說中，惡魔因為被鎖鏈綑綁而無法殘害世界，而蛋擁有使鎖鏈更加強大的力量，因此全世界的命運都掌握在這些復活節彩蛋上。假如你也相信這則傳說，那麼那些偷偷躲起來製作復活節彩蛋的婦女所拯救的，就不會只是一種單純的藝術形式了。110

女性神奇的力量就展現在東歐復活節彩蛋上。傳統上，只有婦女與女孩能偷偷躲起來製作東歐復活節彩蛋，而我們也可以在紐約的烏克蘭博物館（Ukrainian Museum）看到相關解釋：「以免有人對蛋施惡咒。」婦女會趁著晚上孩子上床睡覺後，特別闢一個空間彩繪復活節彩蛋，製作彩蛋的開始與結束都會有祈禱儀式，製作過程為求神聖更是要保持安靜。婦女會精挑細選第一次產卵的母雞所生下的受精雞蛋來彩繪，一定要選擇受精卵是因為復活節彩蛋在繪製完成以後，就會有能夠影響生育的魔力，所以倘若用的是未

iii 譯註：書名暫譯。

受精的雞蛋，可能就會削減生育的力量，也可能在完成繪製前就將這顆蛋的生命力消耗殆盡，導致繪製出來的復活節彩蛋失去能量。111

彩繪過雞蛋就代表春季到來，同時也要迎接陽光、豐饒與養分重回大地。東歐復活節彩蛋可以整年都擺在家裡展示，民間也確實存在關於彩蛋的各種迷信，人們會將彩蛋埋在門廊下驅趕靠近的惡靈，也會將彩蛋放在穀倉裡保護牲畜。現今，烏克蘭終於有了專門展覽東歐復活節彩蛋的博物館，裡頭收藏了超過一萬顆彩蛋。而正如烏克蘭的東歐復活節彩蛋博物館（Pysanka Museum）經理雅羅斯拉娃・丘克（Yaroslava Tkachuk）所寫的，據傳這些復活節彩蛋具有能治癒一切的神奇力量，因此有些人會將彩蛋掛在脖子上來治療如癲癇等各種嚴重疾病，或是用彩蛋摩擦皮膚以消除雀斑。年輕女性也會把彩蛋送給心儀的單身男性。每一顆復活節彩蛋都得花費大量時間悉心製作，而年輕女孩想要贈予彩蛋的對象或許不只有一位，所以有時她們製作彩蛋的速度還會跟不上送出去的速度。大多數村莊裡會有那麼一位善於製作復活節彩蛋的女性長輩，這時亟需更多彩蛋的年輕女孩就會向她購買。112

東歐復活節彩蛋有相當古老的歷史。傳統的設計圖案與石器時代晚期陶藝品上的圖樣十分相似，其中就包含了各種幾何圖案，以及植物、動物的圖樣。考古學家在利維夫（Lviv）發現了歷史可追溯回公元前五五〇〇年至二七五〇年特里波耶時代（Trypillian era）的陶瓷復活節彩蛋。此外，研究人員也在烏克蘭各地發現許多出自九世紀的陶瓷復活節彩蛋，而我們也可以從這些具象徵意義的彩蛋推論，人類當時已有拿真蛋來彩繪的習慣了。二〇一三年，考古學家找到了現存最古老的復活節彩蛋（而且是以真蛋製作），是一顆飾有波浪圖案的鵝蛋，這顆蛋已有五百年左右的歷史。[113]

在這些歷史悠久的彩蛋主題當中，我最喜歡的就是亦稱為**比列吉尼亞**（berehynia）的女神了。烏克蘭歷史中有許多強大的女性形象，比列吉尼亞象徵的是母親，歷史學家認為現代烏克蘭文化裡會有比列吉尼亞的形象，與該地區在公元前三千年就已存在的母系社會文化有所關聯。隨著時間遞嬗，這種母親形象漸漸與保護河岸的仙女比列吉（berehy）相連，兩者的角色也在十九世紀融合，形成了現代人所認知的比列吉尼亞。女性主義學者瑪莉安・J.魯柏恰克（Marian J. Rubchak）在她的論文中表示，十世紀的基輔羅斯（Kyivan Rus）女性「據說都視當時的基督教（東正教〔Eastern Orthodoxy〕）為一種帶有厭女精神的信仰，不僅教義建立在男性霸權主義之上，更百般詆毀、壓迫女性。」因此女性只好盡力抵抗宗教壓迫，而這些以女性為中心的彩蛋傳統以及比列吉尼亞的設計圖樣，也許就是當時女性奮力抵抗所留下的痕跡。[114]

比列吉尼亞通常是以不寫實的樣貌出現：頭部是以井字號為象徵，有兩條腿和朝上伸展的雙臂，再加上一對從臀部往外延伸的神祕器官。從古到今的藝術家時常運用抽象手法以植物纏繞、螺旋的形象來表現比列吉尼亞的身分。我最喜歡的版本不乏些許色情的意味：請各位想像一個兩端尖尖的橢圓形，左右兩側各三根、排列出一共六根的觸手，同時有貌似一根麥稈的圖樣直接疊加在這個橢圓形上——長長的直線從橢圓形底部貫穿至頂部，而麥穗則翹向一邊。這個圖像完全表現出女性陰部——也就是陰唇和陰蒂——的樣貌。比列吉尼亞據說有掌管生、死、水、命運的能力，換言之，她就是母親。

隨著基督教信仰在東歐的普及，婦女繪製彩蛋時漸漸會將教堂、十字架、魚等圖樣與原來的傳統圖案結合，同時也重新詮釋過去的彩繪符號以更符合基督教教義，至此父權意涵就改變了這種藝術形式富含女權精神的精髓。在杏仁形飾板上，頭頂有光環圍繞的也許並不只有聖母瑪利亞而已，或許還包含更深一層的比列吉尼亞形象也不一定？[115]

所謂的法貝熱彩蛋（Fabergé eggs）雖然舉世聞名，在我眼中卻實在無聊，而且這種彩蛋還在東歐復活節彩蛋的基督教與多神教意義之上，另外添了一層資本主義色彩。一八八五年至一九一六年間，羅曼諾夫王朝（Romanov）有多位沙皇聘請珠寶工匠製作工藝繁複、有耀眼外觀的復活節彩蛋，裡面藏有珠寶和各種誇耀君主財富與功績的象徵物，例如一顆黃金製的蛋黃裡藏了一隻頭上戴著沙皇皇冠的金母雞，或是在鑽石下有一幅君主的迷你畫像，這些元素統統網羅了最好的材料來製作。昂貴無匹的法貝熱彩蛋看起來確實與原本的民間藝術形式十分相似，也確實是符合皇室身分的美麗藝術傑作，但有錢人不是永遠都在做這種事嗎？要是哪一天這些傢伙願意花個幾年時間學習真正的民間藝術，而且還肯與另一半公平分擔養育子女的責任，我保證我絕對會對法貝熱彩蛋表現出比現在更多的熱情。116

我們雖然不是烏克蘭人（而是德裔美國人），但我很想和我媽媽試做看看東歐復活節彩蛋。多虧網路的便利，我順利買到了需要的工具——專業蠟染織品染料、一根尖端有金屬製小漏斗的棒子、一塊蜂蠟。我和媽媽點開網路上的教學影片，便踏上成為專業彩蛋繪師的旅程了。我們最喜歡賈斯提娜‧瑪莉小姐（Miss Justina Marie）的教學影片，她是烏克蘭裔美國女性，給人平和、虔誠又甜美的感覺。她在影片中表示，當初是母親教導她如何製作復活節彩蛋，而她一年到頭都在練習（復活節前後的彩繪量尤其驚人）。她的影片時常拍到塗了亮光漆的彩蛋——有些是雞蛋，也有些是個頭更大的蛋——五顏六色的彩蛋全擺在籃子裡，在她家隨處可見。「哇，她的作品真美。」媽媽看著影片喃喃自語，這時我知道，她也開始感興趣了。[117]

賈斯提娜．瑪莉小姐帶著大家一步一步了解製作復活節彩蛋的過程，首先從挑出最好的那顆蛋開始——蛋的表面要平滑、沒有裂痕、厚薄均勻。接著就是設計圖樣、開始繪製。她建議觀眾用傳統方法製作彩蛋，也就是不要把蛋黃與蛋白吹出來，直接用完整的蛋來彩繪。她說，假如有好好將蛋保存在涼爽的室內溫度之下並維持空氣流通，只要放的時間夠久，蛋殼裡的內容物就會慢慢自然風乾。這麼一來，就算蛋到時候真的破了也不會太臭。我在其他資料讀到，如果在開始染製蛋殼前把蛋吹乾淨，中空的蛋殼就會變得像一顆小小的氣球，很難整個沉進染料裡，所以那些還是想把蛋黃、蛋白吹乾淨的人，都會選擇在完成繪製後才進行這個步驟。然而，若是在彩繪的所有步驟都完成後才試著吹蛋，可能會一不小心弄破耗費好幾個小時才完成的傑作。我和媽媽嘗試用了新買的吹蛋工具把蛋吹乾淨，結果等到蛋裡的內容物都清空，我們也氣喘吁吁了。這樣實在太麻煩，還是保持整顆蛋原來的狀態就好。賈斯提娜．瑪莉小姐也用她溫柔的嗓音提醒觀眾，現代的復活節彩蛋通常都會使用織品染料，這些都是有毒的化學溶液，所以彩蛋都只能看，不能吃。

賈斯提娜．瑪莉小姐解說了彩繪復活節彩蛋的基本步驟。首先要找一顆保存在室溫下的蛋，接著在蛋殼上以鉛筆繪製草圖，然後將你想要保有蛋殼底色的部分塗上蜂蠟，就可以把蛋泡進第一層染料裡了，要上的第一道顏色通常是金色。接下來，將你想要維持金色的部分塗上蜂蠟，再將蛋泡進第二層染料裡，我們就假設這一層顏色是亮藍色好了。接著再把你想維持亮藍色的部分塗上蜂蠟，就按這樣的步驟一次次上蜂蠟、染色，直到你設計的圖樣上色完畢為止。由於染料的顏色可能會蓋過彼此，因此通常要按固定的順序，一般來說大概會是從亮色開始再到暗色，例如以金色染料開頭，接著是淺綠色與藍色，再到橘色，最後是深色的背景色，例如猩紅色、海軍藍或黑色。不過彩蛋上最後留下的背景色不會只呈現最後一層染料的色澤，而是會融合前面每一層染料，形成新的色澤；例如我用的猩紅色染料在白色的蛋殼上染出了火焰一般的亮紅色，但在慢慢覆蓋上黃色或藍色以後，原本的火紅色彩就變成近似於磚紅色的色調。雖然一般來說復活節彩蛋會有各式各樣的色彩，但也有比較簡單的設計是只用單一顏色來與蛋殼本身的色澤做對比。高竿的復活節彩蛋藝術家還發展出更複雜的染色手法，例如用橘色染料洗掉比較深的顏色，藉此讓早先染上的色彩露出來，或者也有用棉棒在小範圍上色的手法——這對剛入門的我和媽媽來說實在太複雜了。

我們倆都不是什麼天才畫家。我八歲的時候，有次爸爸下班一回家，我就衝進他懷裡大哭抱怨：「媽媽逼我做美勞。」我媽媽有絕佳的美感天賦，她能打理出美麗的花園景觀、縫紉拼布作品、刺繡，還能做出美麗的花束。這幾年來我們一起學摺紙、用繡線纏繞牙籤做解憂娃娃（worry dolls），也完成了許多針線作品。她真的很擅長女工（或是大家常說的手工藝），但畫畫？那就不是她的強項了。

我也不擅長畫畫。從小就氣喘的我，整個童年都得長期服用控制病情的藥物，藥物的副作用會讓我手抖，所以我從來不曾掌握畫出精準線條的訣竅。十二歲時，我終於能畫出總歸還可以看的瘋狂科學家（他的頭是個三角形），然後我就不再畫畫了。不過我雖然不會畫畫，卻熱愛藝術，甚至還在學校得過藝術史相關的獎項。從那之後，我就深深著迷於各大美術館，以及其中的各種館藏。如今我有了孩子，我為他買了許多蠟筆，而幼小的他對於畫作優劣的評斷標準還很寬鬆，因此我對畫畫這件事的態度也開始慢慢轉變。可以畫得比他好上許多這件事給了我信心——至少目前為止是如此。

上蜂蠟、染色的步驟很耗眼力，手也得夠穩，同時因為每一次上蜂蠟之前都得確定染料已經全乾，所以每做一顆彩蛋都得花費數小時甚至數天的時間。對我和媽媽來說，最困難的步驟就是塗蜂蠟了。彩蛋藝術家都會使用名為熱蠟筆（kistka）的工具——也就是一根尖端有小小金屬漏斗的棒子，還有蜂蠟（通常會染成黑色或深藍色，以利辨識線條）。彩蛋藝術家會將熱蠟筆上裝有蜂蠟塊的漏斗靠近燭火，接著用漏斗尖端把融化的蜂蠟塗在蛋殼上繪製圖案。為了讓蜂蠟維持在夠高的溫度，他們得反覆將熱蠟筆的尖端靠近燭火，也要及時加入蜂蠟塊，差不多每畫幾公分就要重複一次這些動作。用熱蠟筆作畫就好像是在蛋殼上寫字一樣，而這正是pysanky名稱的由來，pysanky在烏克蘭語中就是「寫」的意思。這下我總算對製作復活節彩蛋有些信心了，我雖然不會畫畫，但寫東西可難不倒我。[119]

作畫、染色的步驟都完成以後，眼前這顆蛋已堆疊了多種色彩，還有厚重的層層深色蜂蠟。賈斯提娜小姐說，最後一步就是要把這些蜂蠟融化、擦掉。進行這個步驟時動作一定得慢，而且千萬小心別在加熱時把蛋烤熟了。她在影片中拿著示範的彩蛋靠近燭火，以火源短暫加熱表面的蜂蠟後再用軟布擦拭乾淨，她為大家示範的入門彩繪圖樣——也就是藍白相間的八角星星——就這麼一點一點出現於我們眼前，簡直就像變魔術一樣。[120]

等兒子一睡著，我和媽媽就立刻拿出蛋、鉛筆、蜂蠟和各種色彩鮮豔的染料，準備開始動手繪製彩蛋。傳統上製作彩蛋的過程應該要保持安靜，但我們母女實在太愛聊天了。我媽雖然個性比較獨來獨往，但正如她戲稱自己是「多話的獨行俠」——只要一讓她打開話匣子，各式各樣有趣的事就會源源不絕從她口中冒出來，主題從土壤的成分到她最近在看的小說，她都能聊。因為是初次嘗試古老的復活節彩蛋藝術，我們決定直接按照賈斯提娜小姐介紹的入門款式來製作。我們先用鉛筆在蛋殼上畫出底稿，用直線與橫線將蛋殼等分，然後再從線條交錯的地方細分每個象限，直到劃分出十六等分為止。橡皮擦會在蛋殼上留下痕跡，導致染色不均，因此在這個過程中就算畫錯了也不能用橡皮擦塗改。賈斯提娜小姐建議大家直接忽略畫錯的線條，繼續畫下去就對了。轉眼間，她已經以專業手法在蛋殼上畫出完美無瑕的線條；而我們卻花了將近一小時的時間在蛋殼圓弧狀的表面上用鉛筆塗塗抹抹，最後終於畫出一顆歪七扭八的星星。在這個過程中，我們脫口而出的抱怨與咒罵也不絕於耳。

不過我對於製作彩蛋還是很有信心，畢竟只要畫出幾何圖案就行了，我雖然畫不出像樣的蘋果，但塗鴉個三角形當然不成問題，或者我應該說……是大致上沒問題才對。我和媽媽後來發現，雖然只要畫出三角形就好，但在紙上和球體上作畫的手感大不相同，至於在橢圓形的雞蛋上畫出三角形，那又更困難了。經過多番嘗試，一邊還累積許多畫錯、畫得不夠好的雞蛋（只好統統先堆在一起，之後拿去做歐姆蛋），我們兩個不斷練習，非得要畫出夠滿意的草稿，才往下一步走。

我和媽媽兩人對於繪製彩蛋這件事都抱著高度期待，因此雖然手法笨拙，卻依然不停嘗試。我們在紙巾上練習上蜂蠟的步驟，直到覺得夠熟練了才換成雞蛋。做這個步驟動作一定要快，得趁蜂蠟凝固之前完成所有程序。我媽是個每週上教堂的人，而且她還在路德教派教了二十五年主日學，是位資深又虔誠的老師，但就在她的熱蠟筆碰到雞蛋的那一刻，我就聽見她罵了一聲：「靠。」一大坨蜂蠟一下子就弄髒了她用鉛筆好不容易打好的草稿。賈斯提娜小姐有在影片裡教我們怎麼處理這種情況，只要拿把小型的螺絲起子，從蛋殼上輕輕將出錯的蜂蠟刮掉即可，但我們目前打算將錯就錯，畢竟誰知道用了螺絲起子會不會反而搞得更糟呢？兩天後，我們升級了繪製復活節彩蛋的工具，放棄已經磨損的金屬漏斗以及當初花二十塊美金買的入門材料包、蜂蠟、六色染料組，轉而在專售復活節彩蛋繪製工具的網站上購買價格相仿、品質卻更好的銅製熱蠟筆。銅製熱蠟筆的筆尖更為細緻，比原來粗糙的小漏斗好用許多，而且銅的受熱更均勻，因此蜂蠟可以熔得更好，畫出來的線條會更加細緻。除此之外，我又多買了兩打超大尺寸的雞蛋，就算技術還不夠好，把畫布換大一點總會有幫助吧。這些新道具確實大幅改善了我們繪製彩蛋的成果，但離專業還是有很大一段距離。

我媽媽偏好只用一兩種顏色在蛋上繪製螺旋與星星，另外她也在其中一顆蛋上畫出可愛的卡通人物；我完全不知道原來媽媽這麼會畫畫，而且她還說自己畫的這些圖樣就跟我畫的三角頭科學家差不多。我發現乾脆全畫三角形圖樣應該最省事，而且我買的染料還可以搭配出我最愛的紅、白、黑三色組合，所以我試著想模仿歷史悠久的風車圖樣。可是雞蛋的弧形卻讓繪製三角形變得無比困難，真正畫出來的三角形有些很迷你、有些卻過大。無論如何，我還是把畫好風車圖樣的蛋放入了第一層染料。慘的是，顯然我的風車長得很像納粹符號，而其實那個符號在斯拉夫文化中歷史悠久，所以這或許不只是出於巧合的相似。當下我實在很希望沒人注意到這兩者的相似之處，但就在我把蛋從染料裡拿出來時，媽媽立刻清了清喉嚨，問我的那顆納粹蛋染得如何。幸好經過了多層染色，再加上用蜂蠟描的條紋，那顆彩蛋終於不像納粹蛋了。

接下來幾天我和媽媽繼續趁著我兒子午睡時繪製彩蛋，等其他已經浸過染料的彩蛋陰乾的空檔，我們就動手為新的雞蛋上蠟。剛開始雖然跌跌撞撞，但是我們在做中學、學中做，總算慢慢上手。我們也終於了解，為何許多製作復活節彩蛋的專家需要用有彈性的布尺，才能畫出大小相同的圖樣。不過也有些高手能光靠肉眼就完美畫出尺寸一模一樣的圖，確實，有些設計還是靠雙眼估測大小比較容易。慢慢地我們終於抓到了訣竅，我畫了一顆歪歪扭扭的星星，然後在中央多添了一顆紅心，四周則加了幾筆黃色和紅色的光芒，讓不平整的線條看起來好像是刻意設計的一樣。最後的成品是一顆噗通噗通跳的愛心，四周有光圈環繞，看起來是個很天主教的圖案。我媽在蛋殼上畫出了一朵完美的罌粟花，但就在她把彩蛋從紅色染料裡拿出來的時候，不小心手一滑，蛋就破了。隨之而來的當然就是更多的咒罵。我們本想用吹蛋工具盡可能保留蛋殼，但兩人到後來都沒那個心力搶救下去，卻又捨不得直接把它丟掉。

最後融化蜂蠟的步驟耗時超出我的預期，做起來也乏味。最初裝飾的細節愈繁複，彩蛋上累積的蜂蠟也就愈厚，最後這個步驟就得花愈多時間。我的心形圖樣花了大概二十分鐘以上才把所有蜂蠟熔掉、擦拭乾淨，讓完整的設計圖案露出來。在那一週的尾聲，我們大約完成了六顆蛋，有些蛋上畫了簡單的螺旋圖樣，有些則是三角形（謝天謝地那**只是**三角形而已），另外還有星星、麥子和活潑的卡通人物。

接下來的一週，堆在碗裡的彩蛋靜靜躺在我的桌上，讓我回憶起跟媽媽共度的美好時光。我們趁著寶寶睡覺的時候，各自專注於手上的手工藝，同時歡笑不斷——或許這就是復活節彩蛋的魔力，它能創造滿盆滿缽的母愛，時而脆弱、時而細膩，又傾盡了所有的母性。透過彩蛋的形式，我能用雙眼觀賞、用雙手把玩這些藝術品裡蘊含的母愛，同時一再對自己重複：「這顆是媽媽做的，這顆是我做的，而這顆是媽媽和我一起做的。」

那年夏末我搬了家，當初和媽媽一起製作的復活節彩蛋淹沒在一箱又一箱的雜物之間。隨著我們逐一打開紙箱將物品歸位，我不禁注意到從二樓浴室傳出來的一股腐臭味。後來我們找出氣味來源——很不幸，源頭就是我用來裝復活節彩蛋的紙箱。一打開我就發現已經有好幾顆蛋打破了，裡面煮到半熟的蛋白也露了出來。或許我們當初在融化蜂蠟的時候，不該讓蛋靠近燭火那麼久；把這些蛋放在密封箱裡承受高溫，更是錯誤的決定。紙箱裡的彩蛋散發出噁心的腐臭味，聞起來就像一堆腐爛、發臭的垃圾，而且這股氣味還沾染到箱子裡的其他東西上，我們試著讓空氣流通時，臭味還一路飄到了門廊。其中更有好幾顆彩蛋的蛋黃已經變成可怕的綠色，裡面還湧出無數隻蛆蟲，這大概就是我們才剛搬來新家，家裡就出現許多蒼蠅的癥結點吧。

再會了，臭臭的復活節彩蛋。

雖然揮別了這些美麗的彩蛋，但我依然擁有最溫暖的母愛，以及和母親一起動手繪製彩蛋的美好回憶。

第八章 小丑彩蛋

所有與蛋有關的畫作當中，我最喜歡的就是荷蘭藝術家彼得・阿爾岑（Pieter Aertsen）的《雞蛋舞》（*The Egg Dance*），他的畫捕捉了平民在以傳統方式遊樂時那種怪誕的場景。畫作的時空背景為一五五二年，一群農人聚集在妓院裡，度過盡情調笑玩樂的午後。畫作前景有位男子坐在凳子上，醉醺醺地把手臂垂在年輕女子肩上，他是在撫弄她嗎？但在畫作中，這名男性抬起的左腳擋住了他的手部動作，因此那隻手到底是擺在這名年輕女子身上幹嘛，觀者就不得而知了。他手中高舉酒杯，引起背景裡風笛手的豔羨，而他手中的樂器則代表男性生殖器的形狀。至於坐在這名男子身邊的年輕女子，似乎也欣然接受他的調情動作，她其中一隻手放在一個巨大的空籃子上，那或許象徵她的品德，而另一隻手則指向畫作另一側，試圖將身邊男子的注意力引到正在跳舞的男性身上。對於正在觀賞畫作的現代人來說，這實在是令人忍不住狐疑「到底是什麼鬼？」的畫面。身材瘦高的年輕男子單腳跳著，踩在散落著韭蔥、花、木鞋、帽子、劍等各種物品的地上。阿爾岑描繪了這名年輕人雙手放在臀上靠單腳平衡，正在蹦蹦跳跳的模樣，他認真關注的並不是身邊那些看得很開心的觀眾，而是地上用粉筆畫出的小圈圈、一個倒過來的碗，還有一顆蛋。

文藝復興時期，人們在飲酒作樂時會試著用腳移動雞蛋來遊戲取樂，規則是不能讓雞蛋碰到其他東西，因此散落著各種雜物的地面自然成了最大的阻礙。除此之外，遊戲的最終目標是要讓雞蛋在完美無缺的狀態下，滾進或滾出地面上用粉筆畫出的圈圈（每次的遊戲規則可能都不一樣），然後讓地上那個碗倒扣在蛋上——一切都只能靠雙腳完成。荷蘭國家博物館（Rijksmuseum）裡便收藏了阿爾岑的畫作，畫作的標題下有一段說明文字：「這種『毫無意義』的娛樂及畫作中其他人道德敗壞的行為，對觀者提出了切莫恣意放蕩的道德規勸。」然而正如多數類似的警告文宣，這幅畫產生的作用多半會讓觀者對這幅景象更心生嚮往。揚．斯特恩（Jan Steen）於一六七〇年代繪製了另一幅熱鬧歡騰的畫——《雞蛋舞：於客棧裡狂歡的農民》（*The Egg Dance: Peasants Merrymaking in an Inn*），其中的象徵意義又更加明確。畫作中，一堆酒酣耳熱、大肆尋歡作樂的農人擠在客棧裡，前景的幼兒身邊有一名男子因醉倒而趴在椅凳上，且這幅畫裡也有一位風笛手拿著象徵陰莖形狀的樂器，他可能正在和後面的小提琴手合奏。背景則有好幾位男男女女牽著手圍著一顆雞蛋跳舞，其中身形最清楚的是一位女性，她張開雙臂，懶洋洋地將頭偏向一側，臉上露出了縱情享樂的笑容。從畫面上看起來，這些男男女女環繞著的那顆蛋，彷彿就是她生下來的一樣，而這顆蛋正象徵著被她拋棄的高尚品德。在她身邊舞動狂歡的人群，則顯然早就拋開什麼所謂的美德不管了。另外，在畫作中還可以看到一對跌跌撞撞的男女打算一起走上樓梯，而在旁邊的門口，則有兩個人正在公然調情。[121]

除了這些畫作呈現的形式以外，當然還有其他種類的雞蛋舞存在，例如情侶在春天跨過散落著雞蛋的田野共舞，或是在舞台上用雞蛋排成一圈，讓表演者矇上眼睛輕快地繞過雞蛋舞動。這些雞蛋舞通常都有逗樂嬉戲的性質。春季時，會舉行各種與雞蛋有關的比賽或拋擲雞蛋的遊戲，讓人試著用自己龐大且有時十分笨拙的身軀與脆弱易碎的雞蛋抗衡，感受兩者之間的拉扯。雞蛋無疑可能具有娛樂性，而對我來說，最能展現雞蛋有趣之處的，莫過於「小丑彩蛋登記處」（Clown Egg Registry）。

請各位想像一下我和小丑彩蛋管理者：小丑馬蒂（Mattie the Clown）訪談時的場景，他人在倫敦市中心一個有許多扇對外窗、採光充足的地下室與我視訊通話，那裡還擺了許多扮演小丑的全套用具。一座有六層架子和紅色背襯的大玻璃櫃安裝在室內一道牆上，櫃內每一層都有一整排用深色布蓋著的小小基座，而一個個基座上都安放著一顆畫在雞蛋上的小丑臉譜。其中有許多小丑彩蛋的臉上都黏了鼻子（大多為紅色），還貼了各種五彩繽紛的假髮。除此之外，這些彩蛋還以迷你尺寸的錐形帽、大禮帽等配件裝飾。這些可不是一般的小丑——每一顆小丑彩蛋的基座上都標示了小丑本人的名字，其中就有小丑之父格里馬爾迪（Grimaldi）的彩蛋——他有張塗成全白的臉孔，臉頰上畫了大大的紅色三角形，嘴巴周圍還繪有代表下巴輪廓的線條，頭頂上則黏了三搓紅髮。另外還有可可（Coco），他大概是英國在戰後時期最知名的小丑了，屬於他的那顆彩蛋上黏了一顆油灰色的蒜頭鼻，整張小丑臉譜最大的特色就是維持著正常膚色的臉孔，以及塗成白色的眼睛與上唇，嘴巴則畫了一個黑色的U字。這些小丑彩蛋都放在鋪了酒紅色天鵝絨襯布的基座上。與此同時，我還看到了我心中最理想的老奶奶形象——露露．亞當斯（Lulu Adams），她有白色的臉孔、飄逸的白髮，雙眼畫上了紅色的輪廓，搭配長長的睫毛，至於那顆小小彩蛋的頂端則戴著一頂裝飾了三朵蝴蝶結的白色錐形帽。

小丑彩蛋登記處當初是與源自英國的小丑國際組織（Clowns International）一同成立，歷來的知名小丑及這個組織的會員，都能藉此在歷史上留下永恆的印記。小丑彩蛋登記處存放了世界上最古老也最龐大的小丑彩蛋收藏。小丑界的規定是，每個正式表演的小丑都得有獨一無二的妝容與服飾，這些小丑彩蛋的臉譜之前是畫在真正的雞蛋上，但後來因為各種意外而破損、毀壞——最初那批小丑彩蛋損毀尤為嚴重——才開始改以瓷蛋替代，以立體形式記錄下小丑的扮相，這就是一份非正式的版權紀錄。

想要了解小丑彩蛋的意義，就得先認識小丑國際組織的歷史沿革，以及小丑這種角色背後的意涵——正是我與小丑馬蒂（也就是馬蒂．芬特〔Mattie Faint〕）進行視訊訪談的原因。多虧了這個故事，我才能初步了解他的小丑角色的性格：他過去曾在巴貝多（Barbados）的度假村擔任公關總監並負責籌備活動，每天的午餐時間，他都會畫上小丑臉譜到泳池主持為小朋友舉辦的娛樂活動。他回憶道，有天他穿著上班的正式服裝準備走回賓果娛樂室，半路剛好遇到一對午餐時間去泳池看過他小丑表演的母子，於是他便用小丑的聲音對這對母子打招呼：「嗨囉。」小男孩這時出聲問媽媽：「媽咪，這是誰啊？」小男孩的媽媽回答：「哦，這是小丑馬蒂假扮成一般人的樣子。」馬蒂對我說：「我打算把這段話當成我的墓誌銘：『扮演普通男性的小丑馬蒂長眠於此。』」而在我們視訊通話那天，小丑馬蒂扮演的是一位個性溫和的英國紳士，他臉龐瘦窄，眼周、嘴角都帶著笑意。[122]

現代小丑的歷史是從約瑟夫．格里馬爾迪（Joseph Grimaldi）開始，他是英國攝政時代（Regency era）的啞劇演員，後來也是他將啞劇的樣版角色小丑轉化為一種新的人物表演模式。他發揮創意為小丑角色想出全白的臉部妝容，這樣在當時幽暗的舞台燭光照明之下，才能更凸顯他的表情變化。格里馬爾迪將他的小丑角色命名為喬伊（Joey），也因為表演大受好評，後世的表演者有時會直接稱白面小丑（whiteface clown）為喬伊來紀念這位小丑之父。

英國的小丑至今每年都會在既非格里馬爾迪冥誕、亦非其忌日的日子紀念這位偉大的小丑。以前馬戲團習慣在溫暖的季節前往英國各地巡迴表演，冬天則閉團休息，因此每年從二月開始會是馬戲團與表演者簽訂合約的時候——在這段期間，表演者全聚集到倫敦的某個小街區排隊與馬戲團簽約。在一九四七年，小丑們齊聚一堂舉行戰後的首次會議。馬戲團團主比利．斯馬特（Billy Smart）想到一個好主意：他要求自家馬戲團的小丑到格里馬爾迪的墓前獻上花圈，想藉此引起媒體的關注。就是在這次聚會上，小丑們決定組成專屬於小丑表演者的俱樂部，也就是小丑國際組織的前身。起初只是為了好玩而在雞蛋上繪製小丑臉譜的史坦．布爾特（Stan Bult）就此創辦了小丑國際組織，並擔任第一任祕書長。從此小丑國際組織每年都會在倫敦的教堂舉辦紀念格里馬爾迪的儀式，小丑們會穿上最完整的全套裝扮，在儀式上紀念前一年去世的小丑。

就在一九七七年的紀念儀式上，小丑馬蒂首次亮相，同時也在小丑的圈子裡掀起波瀾。當天因為有許多媒體，現場設置的大量照明設備一不小心燒掉了教堂的保險絲，當場陷入一片漆黑，而這時，小丑馬蒂跳出來表演了幾個把戲。他說：「我的扮相一直都包含有燈光效果的蝴蝶結和會發出閃光的紅鼻子，所以我當機立斷決定上台演出。」在台上雖然只有短短幾分鐘時間，但對小丑馬蒂來說卻彷彿過了數小時之久。就在這次登台亮相以後，他成了小丑圈無人不知、無人不曉的角色。小丑馬蒂在一九八〇年代中期搬回英格蘭，一加入小丑國際組織，很快便參與了小丑博物館的營運，也負責管理小丑國際組織的彩蛋登記處。

在我和馬蒂對談之前，小丑博物館早已因為淹水失去了原先兩處收藏空間。其中一半的收藏品原來都擺在教堂地下的舊鍋爐室展出，後來卻不幸淹水；另外一半則保存在舊紙廠裡的洞穴式主題樂園——巫奇洞（Wookey Hole），但是誰都沒料到，巫奇洞的小丑博物館牆面背後竟然藏著水車，後來這座水車滲漏，淹水毀了大量藏品。到了二〇二〇年，小丑彩蛋登記處則和我們多數人一樣，陷入了茫然又失去方向的困境。

馬蒂和我花了幾個小時對談，他不僅向我講了自己的人生故事，還讓我看小丑充滿傳奇的歷史中留下的各種文物。許多尺寸超大的小丑鞋堆疊在大衣櫃上，某幾件的歷史甚至可追溯回一九三〇年代。滿滿一整個衣架的小丑服裝當中，更有幾件是一八六〇年代的白面小丑裝，衣服上還飾有Z字形花邊。我們一起細細端詳了小丑可可的最後一套服裝，其中一個口袋裡竟然還有張彩券，應該是小丑可可過世後，他那個為麥當勞叔叔設計了妝容與服裝的兒子穿上父親的小丑裝所留下的東西。馬蒂說：「白面小丑其實可以說很有馬戲團的色彩。」以現代小丑文化而言，白面小丑的服裝不僅沒有口袋，又因為過於昂貴而不能輕易弄髒、弄壞，所以不太能在小朋友的派對上表演，也因此成了世人眼中過時的小丑角色。

小丑的角色基本上分為以下幾種：白面小丑、彩面小丑（Auguste）和角色小丑（character）。白面小丑——也就是格里馬爾迪所創造的小丑類型——是這三者中歷史最悠久的，源自於由花衣小丑（Harlequin）、白衣小丑（Pierrot）和小丑（Clown）等定型角色「（stock character）所表演的傳統即興喜劇（commedia dell'arte）。這些角色的服裝往往十分雅緻（而且可能相當昂貴），他們通常會出現在馬戲團的表演裡，而且大多擔任引導小丑群的核心角色，負責帶領所有小丑角色上下舞台。白面小丑的裝扮名副其實，他們的臉通常會塗成白色，再畫上誇張且不對稱的眉毛等其他臉部特色。而白面小丑在舞台上最主要的任務就是為彩面小丑製造笑料，不過因為白面小丑的服裝相當昂貴，他們通常不親身參與用水或糨糊搞笑的把戲或混亂場面。

彩面小丑扮演的則是滑稽可笑的角色，他們的臉部妝容多以膚色為底，再搭配紅鼻子、瘋狂髮型，以及花俏、寬大的衣裝。他們在表演中被奶油派砸中臉的頻率高得驚人。多數人一想到「小丑」，腦海中浮現的其實就是彩面小丑的形象，而彩面小丑當初很有可能是以醉鬼為原型而構築出的角色。《小丑彩蛋登記處》（*The Clown Egg Register*）是盧克・史提芬森（Luke Stephenson）與海倫・倩屏（Helen Champion）出版的攝影書，其中就提及彩面小丑可上溯至一八六〇年代的名稱與由來。當時德國有個倫茲馬戲團（Circus Renz），團中有位受傷的美國騎師湯姆・貝齡（Tom Belling），他在後台故意穿上馬戲團團主的服裝，還「一邊模仿起團主的模樣」。馬戲團團主當場逮到貝齡，於是氣得追著他到處跑，最後一路跑到馬戲表演的舞台上。當時觀眾都以為這是表演的一部分，大家開始大喊彩面小丑的名稱「Auguste!」（德文原意為『蠢蛋』）。馬蒂則說，如今彩面小丑的扮相已經不流行像過去那種濃墨重彩的臉部妝了，因此許多人就算看到這種角色，也不知道那就是彩面小丑。比方說豆豆先生（Mr. Bean）就算是現代版的彩面小丑，

i 譯註：指一種人為設定的角色，以角色的人格、說話方式與特質反映特定文化中的刻板印象，使該角色極易於該文化框架中具有辨識度。喜劇中常常可見此手法，以極誇張的程度表現某些定型角色的特質。

馬蒂說：「他呈現的是誇張而優雅的表演動作。」[123]

至於角色小丑通常會有職業設定，例如醫生、警官、消防員等——從他們的裝扮就能清楚看出角色身分。除此之外，還有乞丐小丑（Hobo/Tramp Clown）——比如查理．卓別林；他們有時會被視為獨立的小丑類型，但也可以歸類為具有「倒霉鬼」這種人物設定的角色小丑。[124]

馬蒂扮演的是彩面小丑，眼睛部分的妝容是白底再加上簡簡單單的十字線條，嘴巴周圍則塗上一整片白色，凸顯出他格外安靜的紅色嘴型，當然，還有一顆巨大的紅鼻子。另外，他的圓頂帽上還斜斜插著一朵活潑歡樂的向日葵，小丑身上則穿著黃紅相間的格紋衫，脖子繫有紅底白點的大蝴蝶結。他這幾十年來都會應邀在生日派對上演出，也會到醫院為孩子扮演小丑醫生。

最後，馬蒂讓我欣賞靠牆的架上他小心收藏在透明盒子裡的小丑彩蛋，這些就是小丑彩蛋登記處所剩的大部分收藏了。他也向我介紹了創作這些小丑彩蛋的藝術家——「史坦．布爾特……我猜他應該是在戰前就開始畫小丑彩蛋了，他實在熱愛小丑與馬戲團，戰爭對他來說應該只是讓他不得不暫時中斷創作的插曲。」經過了戰後的第一次小丑聚會，布爾特便開始擔任馬戲團小丑俱樂部（Circus Clowns Club）的領導者。後來，布爾特在一九六六年過世後，就由傑克・戈夫（Jack Goff）接手彩繪小丑彩蛋的任務，馬蒂說：「他希望營運得以持續，但後來戈夫也過世了。」又經過了多年時間，許多以前繪製的小丑彩蛋要不是破了，就是不翼而飛。而馬蒂是在一九六九年搬到倫敦，當時他還沒開始扮小丑，但已經對這件事有些興趣，因此他造訪了倫敦西區一間名為「小丑」的餐廳。「我還記得當時那裡展示了許多小丑彩蛋，不過後來餐廳關門，所有彩蛋就都跟著消失了。」幾十年過去以後，餐廳經理的孫女找到了一些當初展示的小丑彩蛋，其中也包括史坦・布爾特的作品，於是小丑國際組織便買了下來。一九八〇年代中期，小丑國際組織重拾繪製小丑彩蛋的傳統，由藝術家珍奈特・瑋柏（Janet Webb）著手創作，而在瑋柏過世並將這份任務交接給凱特・史東（Kate Stone）之前，她總共完成了大約四十顆小丑彩蛋，而後這份傳統又傳承到黛比・史密斯（Debbie Smith）手上。[125]

在實際認識黛比之前，我就已經愛上了小丑彩蛋這個充滿玩心的傳統。我從小到大一直都在學習怎麼「玩」。小時候，我就會拐爸媽和我一起扮演貓咪一家，後來我寫的第一本書主題也是實境角色扮演遊戲（larp）——也就是像在劇場裡一般，由參與者扮演故事角色、隨興發揮故事情節來講述故事。實境角色扮演遊戲就和扮演小丑一樣，都是轉瞬即逝的藝術形式，是一種只會在當下發生的藝術體驗（只不過前者沒有觀眾）。潛心研究「玩耍」的心理醫師史都華・布朗（Stuart Brown）就曾寫道：「玩耍的反義詞並非工作——而是抑鬱。」對我來說，玩就是人生的重心。在玩耍的當下，彷彿就擁有掌握人生方向的全然自由——你還沒決定要往左轉還是向右走，因此什麼事都有可能發生，而演員在舞台披上另一個人格時，反而最能展現出真實的自己。玩耍這件事就和蛋（無論是否蘊含新生命——它可能珍貴無比，也或許一文不名）一樣，是由各式各樣的狀態疊加而成。玩耍可以讓人玩得很認真——就像比賽前的運動選手一樣全神貫注——然而就算我們表現得再嚴肅，玩耍這件事依然充滿了假扮的性質，也因此存在各種趣味。玩遊戲時，人的生理與情緒都全然投入於遊戲中，所以產生了與現實世界隔絕的獨特空間，這便是學者所提出的「魔法圈」（magic circle）理論。除非你在不知不覺間不小心成了電視懸疑片的其中一位角色，否則就算下棋下輸了，也不會損及任何人的性命。在這種情境下，魔法圈就是你眼前的棋盤，也是鏡框式的舞台——是由各種特定行為與規則所創造出來的特殊心靈空間。然而魔法圈就和蛋一樣，都不是徹底密閉的空間，雞蛋內外一定會有空氣流通，才孵得出小雞，而在玩耍時所產生的情緒，同樣也會渲染你我的真實生活。看著羅密歐喝下毒藥，我們忍不住潸然淚下，朋友之間更可能因為玩大富翁而翻臉。至於剛剛看過的電影，也可能在走出電影院的那一刻改變我們的人生。126

學者認為，玩耍應該要為玩耍本身而存在，不為任何其他目的。如果是以這樣的條件為標準，創作小丑彩蛋也絕對是一種「玩」。登記小丑彩蛋看起來好像是種保護版權的措施，但老實說，除了歷史紀錄的用途之外，那其實並沒有實際法律效力，尤其黛比還說：「所有小丑彩蛋都是根據小丑本身的臉部結構與線條繪製而成。」所以就算你完全模仿另一位小丑的臉部彩繪，但每個人的臉部構造與骨架各有不同，因此看起來絕不會一模一樣。話又說回來，蛋這種東西基本上也有類似的特性——它就像一片光滑的畫布，可任由繪製者展示不同的小丑彩妝。[127]

就算再知名的小丑表演，也一樣都是稍縱即逝的藝術形式，然而藝術家卻得以藉由繪製小丑彩蛋，將這些美好體驗長久留存在脆弱的蛋殼上。自從愛上了小丑彩蛋，我自然而然也迷上了創作這些藝術品的藝術家，同時還為她成為小丑彩蛋登記處官方繪師的歷程而著迷。

黛比的外表完全就是個低調不張揚的英國女性，她留著一頭棕色中長髮和瀏海，眼周和嘴角都帶著頑皮的神情，我猜這大概就是小丑的正字標記吧。黛比本是一位肖像畫家，長久以來都以低調隱約的色調作畫，作品時不時會在地方上的畫廊展出。然而就在一九八九年那個命定的禮拜日，當天報紙裡夾著一張全彩副刊，就此改變了她原本的生活軌跡。她說自己當時打開了那張副刊，看見「關於小丑集會的內容占了滿滿兩版的篇幅，以前我根本連聽都沒聽過這個團體……而副刊上刊出的那張巨幅照片，正是幾百位小丑的大合照。」其實她一直以來都滿喜歡小丑的，就在細細端詳這張大合照的同時，她想到自己長久以來作畫習慣使用的色調，於是想像到自己要是可以用小丑妝容中那些大膽的顏色創作，那該多有趣啊。[128]

就是從這時開始，她一頭栽入了小丑的世界。

格里馬爾迪的首次紀念儀式舉辦了超過四十年後，黛比也親自到場參與。她在那裡認識了一位小丑，對方知道她想以小丑為題材作畫，便建議她一起參加集會。她欣然同意了，而且在活動正式開始前最後一刻，她頂替了別人退出而空出的空間來展示作品。她順利吸引到幾位客戶，從此也會固定出現在國內外各種與小丑有關的活動上。她說：「有好幾年的時間，只要是有小丑出現的場合，我就都會去。」既然都參加了小丑集會，想當然也不妨加入一兩個小丑工作坊——就如大家所知，這樣才能更了解客戶。而既然都親自參加小丑工作坊了，再進一步召喚出自己內心的小丑、開始在臉上畫小丑妝，也不過是早晚的事。暈陶陶（Jolly Dizzy）有黛比的五官架構，只是在嘴巴與眼睛周圍都塗上了白色，鼻子則畫了紅色愛心，而她也會應邀在企業活動與小朋友的派對上現身。像這樣從藝術家轉換身分成為小丑的人，很可能就會選擇與另一位小丑結為連理，黛比正是如此。到了二〇〇九年，原本擔任小丑國際彩蛋登記處官方繪師的凱特·史東決定退休，黛比便毛遂自薦接下這份職務，於是便一路走到今天了。

黛比以驚人的速度從旁觀的畫家轉換為小丑，再變成專畫小丑的繪師。不過小丑卻有令人煩惱的形象問題，他們在大眾媒體上不斷遭到中傷、污衊，對所有扮演小丑的表演藝術工作者來說，那是非常不公平的傷害。黛比對我解釋：「小丑雖然分為很多種，但所有小丑都只有一個終極目標，就是為孩子和觀眾帶來歡笑。所謂歡笑不必然都是外顯的表情，像我時常到醫院為患病、有特殊需求的小朋友表演」，在那裡，所謂的開心很可能就只是「一瞬間的『眼睛一亮』。」小丑最根本的核心價值就是帶來歡樂與笑容，然而媒體把焦點都放在那些令人害怕的小丑形象上，「實在令人生氣。」黛比說。

繪製一顆小丑彩蛋平均得耗費兩天時間，黛比也說，「假如你想要製作小領帶等配件，或努力重現每個細節」，則有可能得花上長達幾週的時間與心血。黛比每次製作小丑彩蛋都會做出一對相同的——其中一個正式收藏在馬蒂的地下室，留待展示，另一個則交給小丑本人珍藏。黛比會在繪製前先細心觀察小丑本人的照片——所以得提供她正面與側面的照片——同時還要參考小丑服裝與假髮的樣本以了解質地。她一般都會先用鉛筆在蛋上打草稿，接下來繪製的過程就和小丑為自己化妝的步驟一樣了。

對黛比來說，繪製白面小丑誇張的臉譜要比仿造彩面小丑與角色小丑臉上那些細微的特徵來得容易許多，繪製這兩種小丑的彩蛋其實和肖像畫的作畫過程頗為相似。然而無論怎麼說，要把平面的照片轉換為立體的彩蛋並不容易，因此黛比總是要求小丑本人提供正面與側面的照片供她參考，有時甚至還得靠雕塑技巧來做出臉部特徵（例如鼻子）。假如能夠與小丑面對面，親眼觀察後再下筆是最理想的，可是並不是每次都有這種機會。她也會問繪製的對象各種問題，例如因為從照片上無法清楚辨識出眼睛的顏色，所以她一定要掌握確切色調才能在彩蛋上重現小丑的樣貌。除此之外，她還會力求完美在雞蛋及底座上（打破了過去的傳統）複製出小丑的服裝。製作這些服裝需要特殊技巧，黛比說：「我為了小丑彩蛋還去學怎麼做戴在雞蛋上的迷你帽子。」就像好的學者很容易在做研究的時候矯枉過正一樣，黛比為求精準而上了三、四個女帽製作課程，大概也是同一個道理。「要做出迷你圓頂禮帽就得要有尺寸適合的模具，所以我連模具都得自己做，之後再想方設法用這些工具做出彩蛋的配件。」[129]

這些跨越多年歷史的小丑彩蛋分別出自五位藝術家之手——史坦・布爾特、傑克・戈夫、珍奈特・瑋柏、凱特・史東，現在則輪到黛比・史密斯，每一位都各有自己的創作風格。黛比說：「換我開始製作小丑彩蛋的時候，有些人說我做的彩蛋比其他人都大。」但直到親眼看見自己的作品擺在前一位藝術家凱特．史東的作品旁邊時，她才發現那是因為她用的底座比較高，而且凱特做的小帽子都是剛剛好可以戴在雞蛋頂部的大小，而她做的帽子幾乎跟雞蛋本身一樣大，因此就算她們兩人做的彩蛋本身其實大小差不多，黛比的作品相較之下還是大了一號。

小丑彩蛋登記處從名稱上聽起來或許充滿玩心，但馬蒂提醒我，他們可不只是隨便玩玩而已。小丑彩蛋登記處對法學院的教師來說是夢寐以求的實際案例。就曾有兩位教授以小丑彩蛋登記處為例，撰寫了一篇長達六十九頁有關非正式版權規定的論文，刊載於《聖母大學法學評論期刊》（*Notre Dame Law Review*）。這篇論文中包含了許多有趣的副標題如：「小丑規範」（Clown Norms），同時還穿插了像「非除外項目財產登記」（Property Registers Beyond Exclusion）之類的法律術語。但就我所知，從來沒有任何小丑彩蛋被帶進法庭當證物，用於解決與小丑妝容或服裝版權有關的爭端。雖然是以極為特殊的形式展現，但小丑彩蛋確實是記錄小丑歷史的重要物件。也正如黛比和我進行電話訪談時所說的，小丑的臉就該畫在雞蛋上作為紀錄，因為扮演小丑「既然是一門藝術，那為何不再用另一種藝術形式將它記錄下來呢？」小丑彩蛋可以留下稍縱即逝的表演瞬間，為下一代保存歷史見證，而把這一切用脆弱的蛋殼表現，更是有一種有趣的反諷意味。就像黛比所說：「小丑這門藝術也很脆弱，雖然現在我們用的瓷蛋已經不像雞蛋那麼容易壞，然而蛋那種新鮮卻又易碎的形象還是與小丑藝術非常搭。」而且「蛋很有趣的地方是，它也有可能被摔成滿地碎片。」[130]

多年來，小丑彩蛋曾分別在布里斯托（Bristol）及荷蘭展出，而且也出現在已故作家泰瑞．普萊契（Terry Pratchett）碟形世界（Discworld）系列叢書的《武裝戰士》[ii]（*Men at Arms*）一書當中，因而可能千古留名。小丑國際組織的成員能以非常公道的價格提出申請，就可獲得繪有他們小丑妝容與扮相的小丑彩蛋。不過在黛比擔任小丑彩蛋登記處官方繪師的十二年間，她卻只畫過二十八位小丑的彩蛋。她說這是因為愈來愈少人從事扮演小丑這一類現場表演的工作，但她一直十分欽佩所有從事小丑藝術的表演者，也以躋身於小丑彩蛋官方繪師之列為榮。黛比至今還沒繪製過自己的小丑扮相，也許她近期會開始著手製作也說不定。[131]

還好這個世界上有小丑彩蛋登記處的存在。在某種層面，它完美詮釋了蛋既蘊含生命卻又非真正生命體的特性。小丑彩蛋則更多了一層雙面意義，因為在所有小丑彩蛋當中，有些是以真正的雞蛋繪製，有些卻根本不是真蛋（而是瓷蛋）。除此之外，版權登記的嚴肅概念與小丑的怪誕形象形成了反差：小丑選擇了脆弱易碎的材料來將他們轉瞬即逝的表演藝術化為永恆，雖然有些諷刺，卻又恰如其分。即便蛋這麼容易碎（正是小丑國際組織收藏的許多彩蛋的命運），或許應該說正因如此，蛋才是最適合表現小丑藝術的材料。有時候小丑彩蛋就像某種死亡的象徵，提醒你我身上都埋藏著自我毀滅的可能性。不管是對小丑彩蛋或對於小丑這門藝術本身，我們都該溫柔以待，畢竟如今它也許已經在慢慢走向消亡——不，不該說消亡，馬蒂聽我讀出這一句時忍不住反駁，他說小丑藝術應該改變，變得更適合當今這個世界。我不禁想起塔羅牌裡的死神牌——有人告訴我，那張牌並不真的代表死亡，而是象徵某種轉變。小丑彩蛋讓我們了解，沒有人能逃過死亡或變化，即便是棲身於藝術中也不例外。每一次做完歐姆蛋總是會遺留下蛋殼，而這些潔白蛋殼除了象徵純潔以外，或許也代表著骨頭的蒼白。啊，可憐的約力克，我們認識他，他就是國王的弄臣；[iii]假如他的小丑彩蛋留存下來，我們就能更了解他。然而小丑彩蛋不會永遠存在，約力克也不會，你我同樣不可能永存。那麼，就畫上花臉，換上彩衣、扮個小丑活在當下吧。

ii 譯註：書名暫譯。

iii 譯註：改自莎士比亞著作《哈姆雷特》中台詞，原文為：「Poor Yorick, I Knew him, Horatio; A fellow of infinite jest.」。

第九章　丟雞蛋

在北京或柏林、洛杉磯或墨西哥城的藝廊裡，一位藝術家站在經過特殊處理的白牆前。她有長及下巴、漸漸轉灰的頭髮，一雙眼睛銳利有神，身上穿著寬大的運動衫。在她前方站著大批聚集的群眾，還有一千顆雞蛋。這位藝術家認真嚴肅地向這些觀眾說明該怎麼好好瞄準、投擲手上的飛「蛋」。

德國美術館前帶有粗獷主義（brutalist）風格的廣場上，或是在模里西斯（Mauritius）海岸的懸崖邊，抑或是在藝術工作室裡，也有藝術家站在那兒，只不過她全身赤裸。她留著俐落的鮑伯頭，髮色烏黑，同時還有職業模特兒的完美身材。她雙腿大張跨在畫布上方，開始向下蹲坐。

雞蛋與概念藝術之間總有種特別的關係。也許因為雞蛋是相當平凡的物件，就和濃湯罐頭還有油漆罐一樣隨處可見；或許是因為蛋脆弱易碎，內容物卻又被穹頂狀的外殼安穩地包覆起來；或許是因為蛋與陰性之間的連結，同時它還具有繁衍的力量；又或許存在一種對於脫序混亂的渴望。

人類社會好幾世紀以來，一直都有丟擲雞蛋的行為。畢竟丟雞蛋實在很有趣，只要看看丟復活節彩蛋的習慣，以及每到萬聖節就會出現的各種破壞行為就知道了。自羅馬時代開始，西班牙小鎮伊比（Ibi）的鎮民每年都會分為麵粉隊與雞蛋隊，雙方互相對抗以一分高下——最後這場食物大戰總是以一片大混亂告終。文藝復興時代的人在餐宴過後，都會拋擲裝滿香水的蛋來清淨空氣。丟雞蛋這件事不僅充滿政治意味，也代表了極端蔑視的態度——在中世紀，路人會對身戴枷鎖的犯人丟雞蛋；而到了二〇二〇年，則是有超過兩千人爭相排隊，要去朝著為柴契爾夫人新塑的雕像丟雞蛋。二〇一九年，澳洲則出現了一位「砸蛋弟」，當時有位右翼政治人物針對清真寺的大規模槍擊事件發表了歧視言論，他一把將蛋砸在這個政治人物頭上，並因此一砲而紅。砸蛋弟丟的是蛋，那位政治人物則直接往他臉上招呼了一拳。[132]

在所有帶有政治意味的砸蛋行動中，我最喜歡的當屬弗朗索瓦茲・迪奧（Françoise Dior）身上發生的事了。沒錯，她就是那位知名時尚設計師的姪女，但卻因為政治傾向而被大設計師撇清關係。在法國，富裕又有名氣的她支持新納粹主義，前往英國拜訪當地的新納粹組織時，便與該組織的領導者建立了友誼——甚至還發展出戀愛關係。

一九六三年，她與其中一位新納粹組織領導者柯林．喬丹（Colin Jordan）在考文垂登記結婚，後來他們又在掛著納粹標誌的私人住宅舉辦儀式，兩個人各自劃破無名指，混合了彼此的血液滴在第一版的《我的奮鬥》（*Mein Kampf*）上。儀式結束後，這對新人一踏出屋外，便有大批抗議群眾迎面而來。他們做出納粹手勢時，更是遭到這些抗議群眾以大量臭雞蛋和蘋果丟擲。右翼人士拿的是槍桿子，左翼群眾則以臭雞蛋和嘲諷的唇槍舌劍回敬。133

這一切——蛋本身的有趣之處、丟雞蛋代表的蔑視意味，再加上蛋所具備的豐富象徵意涵——使之成為藝術表達強而有力的媒介。在進一步了解以擲雞蛋為手法所表現的藝術形式之前，我想先告訴大家，長久以來在創作藝術的過程中，蛋都扮演了重要的角色。過去的好幾個世紀，人類所用的顏料與亮光漆裡都摻有蛋。烹飪時，蛋黃能夠將油脂與水結合，帶來滑順的膠狀口感；而你也會在吃完煎蛋以後發現，蛋時常牢牢黏在陶盤上洗不下來。（這裡提供大家洗碗盤的小訣竅：要用冷水，不然熱水會把盤子上的蛋煮熟，反而黏得更緊。）正因為這些特性，蛋才被用來加入顏料，藉此讓各種色彩牢牢附著在板子或畫布上。只要將蛋黃與色料混合，再加入稀釋的液體（通常是水），就能做出速乾燥又禁得起時間考驗的顏料。雖然還有一些更古老的前例，不過使用蛋彩顏料的歷史從今天可以上溯至一二〇〇年代。在世人眼中，喬托（Giotto）不僅是歐洲繪畫之父，更是第一位運用蛋彩繪畫的文藝復興藝術家，而他便是藉此造就舉世聞名的藝術突破。他是最早在肖像畫中運用透視法（也就是按照透視角度伸縮人物四肢），以及採自然主義手法繪製面容的其中一位畫家。喬托一生中也多次運用金粉混合蛋白製成的顏料繪製聖母與聖嬰，畫出來的效果看起來就像鍍了一層金一樣。[134]

除此之外，起碼從十五世紀開始，蛋白與蛋殼也分別具有其他用途。經過細緻研磨的蛋殼除了可以提升顏料的延展性以外，還能創造出額外的質感。只要曾經在烘焙時發生過悲劇的人一定都知道，蛋白在流理台上乾掉以後會閃閃發亮，超級難清理，因此畫家一度會把蛋白當作亮光漆來為作品增添光澤。如果把蛋白跟可食用染料（如番紅花）混合，就可以拿來為蛋糕上色，等到乾了就會出現漂亮的色澤。時至十九世紀中期，攝影師還會運用打至起泡的蛋白與鹽來洗出具光澤感的照片。[135]

在所有運用到蛋的藝術創作中，我最喜歡的是一項既為藝術活動的想法，同時也是實際物件的概念性藝術品。知名超現實主義畫家薩爾瓦多·達利（Salvador Dalí）以他畫筆下軟趴趴的鐘表聞名於世，但他其實也對蛋有某種迷戀。他畫過融化的煎蛋、掛在一根繩子上的煎蛋、有臉的水煮蛋，還有在奇異之境長出一朵花的蛋，或是從蛋中流瀉出一座瀑布。達利生前為自己設計了一座博物館兼墓穴，不管是外牆還是另一座塔狀建物上，都放著巨大的混凝土蛋。一座建築物上甚至還有寬敞明亮的玻璃穹頂，看起來就像一個巨大的蛋形天井。除此之外比較不為人所知的是，他在一九三八年想出了用雞蛋來打造約三公尺高的巨型水煮蛋的創作計畫，然而達利在過世前都沒有機會付諸實現。所幸，寫了《銀盤上的金蘋果：餐宴即藝術的故事》[1]（*Apples of Gold in Settings of Silver: Stories of Dinner as a Work of Art*）一書的料理史學家卡洛琳・C.楊（Carolin C. Young）與藝術家友人查爾斯・佛斯特－霍爾（Charles Foster-Hall）在二〇〇〇年代中期曾試圖重啟這項計畫。卡洛琳・C.楊在其中一篇有關如何實際操作此計畫的文章中，提及他們打算「將一千顆以上的蛋白與蛋黃分開，之後分別倒入鋁製模具，再煮成巨大水煮蛋……這顆蛋最終要放在藝廊裡，開放所有參觀者使用長約一公尺左右的湯匙挖水煮蛋來吃，湯匙一定要這麼長才挖得到裡面的蛋黃，這樣大家才能確認那是**真正的**蛋。」楊更表示，過去的料理史上也有其他用蛋做成的巨蛋——但達利所構想出這麼大的規模卻是前所未有。她認為，「這顯示了這個超現實主義的大膽構想（也就是達利的計畫）其實完全滿足了自古以來就存在（但可能很小眾）的念頭——人類對於巨蛋的渴求。」過了一下她又補充道：「為什麼要製作巨型蛋？但又為什麼不呢？」喜歡蛋或許是人類天性，而巨大的蛋說不定就觸及了神性領域。[136]

三公尺高的水煮蛋想起來好像是個簡單的計畫，然而就如很多不算繁複的計畫，實行起來所需耗費的人力、物力卻不容小覷。要完成這件作品，大約要花掉十五萬五千顆大雞蛋，還要要召集大批志願者戴上手套在夠冷的環境下手工把蛋黃與蛋白一一分開；另外還需要一對可以組合的巨大蛋白模具，並且要在這個模具裡噴上碳酸鈣來製作巨大蛋殼。別忘了，也要有用來製作球狀蛋黃的模具。再來還必須在蛋裡插入彼此有精準間距的加熱鐵棒，才能確保整顆蛋受熱均勻卻又不破壞結構。雖然靠重力就能讓分為兩半的蛋殼模具緊緊靠在一起，但最後還是得額外在接縫處噴上碳酸鈣，並且細細打磨，這樣才能創造出完好無缺又能在觀眾面前直接敲開外殼的巨大水煮蛋。怎麼展示這顆巨型水煮蛋又是一個令人頭痛的問題——必須要有夠大、夠穩的蛋杯才行。而為了維持蛋的清潔與衛生，用來挖取蛋的巨大湯匙還得放在裝了肥皂水的巨大玻璃杯裡。展出結束後，還要處理最後那已經放了一週、吃剩且開始發臭，又重達八千三百四十公斤的蛋，處理的方式還得不破壞生態才行。這也就不難想像為什麼楊和佛斯特－霍爾事前得徵求

i 譯註：書名暫譯。

大批專家的意見，其中包括了分子料理大師艾維・提斯（Hervé This）、麻省理工媒體實驗室（MIT Media Lab）的工程師，以及一整個建築團隊。

很可惜，這個打造巨大水煮蛋的夢想最後並沒有實現——兩位創作者對於這項計畫的永續性，以及過程中造成的浪費究竟是否合乎比例，最後還是無法達成共識——但這個概念對我來說實在太有趣了。不管是那膽識過人的想像，還是付諸實踐所需的巨大動員規模都深深吸引著我。我不禁想像，如果真的實現了，而且自己還參與其中會是什麼情景。我猜自己會在冷藏庫裡，和其他有相同熱情的人因為一起把十幾萬顆雞蛋的蛋白與蛋黃分開來，而建立出革命情感。要是能跟後代子孫述說這個奇妙的故事，該有多好啊。像這樣創造出一顆可以吃的巨大雞蛋，讓人不禁感覺那就像在毫無設限的夢幻世界裡舉辦宴會，而在我童年記憶裡的神話世界中，真的有高達三公尺的水煮蛋。

不過關於達利的巨型水煮蛋，我確實也有從性別角度出發的其他看法。達利又是一個著迷於女性生殖細胞的男人，而他所運用的表現媒介則橫跨不同文化，通常許多文化中的媽媽或祖母都會烹煮這種療癒食物——最平凡不過的水煮蛋。這讓我想起了亞伯拉罕・波因切瓦爾（Abraham Poincheval）二〇一七年在巴黎東京宮美術館（Palais de Tokyo Contemporary Art Museum）的表演，他在這場名為「蛋」（Egg）的表演中，真的親身扮演了一隻母雞。他花了二十三天坐在十顆受精蛋上，最後有九顆雞蛋成功孵化。在自己化身為一隻母雞之前，他還先住在蛋形的巨石裡一整週，藉此感受孵化成一隻母雞是什麼感覺。這種對陰性力量的巨大渴望，令藝術家不由自主涉入一般社會賦予女性的照顧者角色：成家、築巢、哺育。而那正是我生命中的許多男性——不管是家人還是朋友——也曾對我表示過的類似渴望。他們熱切尋求的身分表現超越了對陽剛氣質的刻板印象（也就是強壯、沉默、暴力的性格），也期望看到愈來愈多男性和他們一樣，不僅能煮出滋養家人的菜餚，也願意好好擁抱孩子，更會樂於與其他男性分享情緒與感受。[137]

另一方面來說，我生活中所遇到的許多女性及非二元性別族群，則是亟欲抵抗完全不同的另一種社會腳本[ii]（social script）。他們想要獲得他人的認真看待，也想掙脫社會對他們總是該肩負照顧者角色的期待。正如珍妮・奧菲爾（Jenny Offill）的小說《推測部》[iii]（*Dept. of Speculation*）裡常被引用的那句話：「我永遠也不要結婚，我要成為藝術的怪物。」又或者像我那位在Google擔任使用者體驗專家、身上又肩負著自己移民雙親

ii 譯註：腳本理論（script theory）乃一種心理學理論，此理論假設人生活在這世界上的行為大部分皆是跟著「腳本」產生，此腳本與「書面腳本」的功能類似，因此人會以這個「腳本」作為行為程序的依據。

iii 譯註：書名暫譯。

期待的好友所說：「我好想搬到山上當個藝術女巫。」我也是啊，我的朋友，我也是。我很努力避免陷入患得患失的情緒，我既希望能和配偶、孩子擁有美滿的家庭關係，**卻也**實在好想當個藝術女巫。然而，每次我一早就把還在牙牙學語的兒子託付給他慈愛的祖父、好爭取時間專心寫作時，還是忍不住覺得自己是個糟糕的母親。那些事應該我來做才對，該由我擦拭他那雙黏黏的小手，他發脾氣時也該由我來安撫；但同時，我也不禁討厭起這個仍會為了違背母親角色設定而感到罪惡、依然牢牢抓著社會腳本的自己。

這也是我讚嘆米洛・莫蕾（Milo Moiré）的原因之一。她就是那種出類拔萃的藝術怪物。身為女性，她身上當然也不是沒有背負社會對於好女孩氣質的期待，不過她選擇直接踩上坐墊改裝為紅色假陽具的腳踏車，在杜塞爾多夫（Düsseldorf）的城鎮上穿梭來去，以此展現她的主張。她的藝術作品總是遊走於色情與藝術的界線之間。莫蕾有源自西班牙與斯洛伐克的血統，而她本人則是旅居德國的瑞士人，最主要的藝術創作皆為展露出她那充滿性意味的裸體的概念藝術。她秀髮烏黑，同時有雙細瘦的大長腿和豐滿胸部。而從事概念藝術表演多年以來，她曾在艾菲爾鐵塔上以裸體自拍的方式對性暴力提出控訴而遭到逮補，也曾在表演《手寫系統 二號》（*The Script System No. 2*）時遭到巴塞爾藝術展（Art Basel）拒絕入場——她在這項概念藝術創作中一絲不掛，只在身上寫了衣物的名稱，如上衣、內褲等等。她的付費網站上也有許多由伴侶——藝術攝影師彼得．帕姆（Peter Palm）為她拍攝的影片，這些影片都蘊含了大量的性意味。

不過在她的所有表演中，我最感興趣的還是《下蛋》（*PlopEgg*）。點了YouTube影片跳出的「此影片僅限特定年齡層觀眾觀賞」警語後，我看到她在二〇一四年科隆藝術節（Art Cologne 2014）首次表演這個作品的影片。她站在架高的平台上，支架上撐了一塊白布，因此可以依需求移動白布來遮住其腰腹部，她蹲下身、一臉專注，過了一陣子就由旁邊那位衣著完整的助手將白布移開（影片中，她的胸部和陰部都被蓋上了黑色色塊）。這時她已擺好姿勢，張開雙腳跨在畫布兩邊的踏板上蹲坐著開始用力。她一邊用力一邊舉起雙手在面前合十，戲劇性停頓後，伴隨著東西破裂的聲音——她從陰道中擠出裝了紅色顏料的蛋殼，於是一團紅色顏料便落在畫布上。這時白布又重新遮住了她的身體，莫蕾將另一顆蛋放進陰道裡，又換了個姿勢站在畫布上，然後——又一顆蛋碎了！啪！——這次則流出了米色的顏料。她的動作井井有條，謹慎地選擇姿勢以後，把裝了棕色、粉紅色、淺黃色的蛋下在畫布上。助手將畫布對折，她再用滾筒仔細滾過整張畫布，壓碎還留在上面的蛋殼。最後呈現出鏡像圖樣，看起來就像色彩鮮豔的墨跡測驗圖卡。在我看來，那有點像月經來潮的紅色骨盆，有一些結塊的飛濺物，又或許可看成神聖的光芒從中流瀉而出。換個角度來看，那也有點像一顆流淌鮮血的心。[138]

莫蕾既專注又孤獨，渾身不著寸縷在美術館寬闊的混凝土廣場上表演。一旁觀眾身上都穿著薄毛衣與牛仔褲，這個畫面讓我想起了自己生產時的情景。當時我全身赤裸又脆弱，身邊卻圍繞著一整群著裝完整的助產人員，而所有人都全神貫注把注意力放在我身上。儘管當下我身處如此擁擠的空間裡，卻依然覺得無比孤獨。這些人的任務就是幫助我順利生產，但在把小孩的頭猛力擠出骨盆這件事情上，我完全只能靠自己，而這件事嚇壞我了。護理師當時對我說：別叫，一叫你就沒有力氣把孩子推出產道了。我完全知道接下來孩子的頭會對我的產道帶來什麼影響，也真的非常害怕，但在下一次用力時，我真的一聲也沒叫。

莫蕾為了藝術表演也經歷了生產過程般的辛勞。她在表演之前要先做好萬全準備：找適合的蛋、清空雞蛋裡的內容物、填入顏料、準備適合的顏料、調整架高平台、備好畫布、訓練助手。至於把雞蛋塞在陰道裡，想必也不是件太舒服的事。

《下蛋》的表演滿足了我對藝術的玩心，也打破過去普遍存在的「好女孩」社會腳本。不過諷刺的是，我當初會知道這個表演，是因為在《衛報》（*The Guardian*）上讀了強納森・瓊斯（Jonathan Jones）對它的大肆批評，當時的文章標題是〈用陰道下蛋的藝術家——為何行為藝術如此愚蠢〉（The artist who lays eggs with her vagina — or why performance art is so silly.）。他認為《下蛋》的表演「荒謬、無謂、過時又不擇手段。這段表演要不是在藝術活動上展演，一定會被視為在諷刺虛無的現代文化。」但是稍微有點荒謬又怎麼了？瓊斯的幽默感到底去哪裡了？知名畫家雷諾瓦（Renoir）就曾隱晦表示他以陰莖作畫，莫蕾又為什麼不能用陰道創作藝術？[139]

假如說莫蕾實現了我渴望成為的藝術女巫形象——她是性感又有壞女孩氣息的藝術家，也就是我在二十幾歲時想要追求的模樣——那麼莎拉．魯卡斯（Sarah Lucas）則滿足了愈趨成熟的我對於藝術怪物的想像，同時也傳達了女性的憤怒。

我有許多女性朋友從小就被教導要成為照顧他人的角色，而她們內心都因此而埋下揮之不去的憤怒。照顧他人這件事確實是有其必要，而我們也能夠從中獲得回報，但那依然是沉重的負擔。這時我想起了卡爾．紐波特（Cal Newport）的優秀著作《深度工作力：淺薄時代，個人成功的關鍵能力》（*Deep Work: Rules for Focused Success in a Distracted World*），書中論述了長時間獨處對於創造力的重要性，然而他在書中提出的例子幾乎都是男性。他提及了卡爾．榮格（Carl Jung）曾避居於波林根塔屋（Bollingen Tower）——榮格為了專心工作而特意打造的建築；他花了數月的時間獨處，全心全意投入工作，同時他太太卻得獨自照顧他們的五個孩子。不過在看到「獨自照顧他們的五個孩子」這句話時，我突然又想到，艾瑪・榮格（Emma Jung）其實是家族產業的女繼承人，因此大可聘請僕人幫忙照顧孩子，所以我猜她應該不太需要承受育兒地獄之苦。艾瑪・榮格同時也是位重要的精神分析師，一生花了三十年寫作關於聖杯傳說的著作，然而在她因為癌症去世之前卻未能完成書稿。或許她也需要屬於自己的塔屋吧。

我有位女性朋友認為，若將伴侶之間的關係比喻為一艘船，那麼其中一定會有一方得擔任「船長」，而我和身邊的女性友人通常都扮演這樣的角色。關係中的船長角色得要同時肩負舵手、領航員、工頭的工作，在女性主義中這種責任就稱為「認知負荷」（mental load），也就是必須計畫一切、思考周延以支持關係中各種事務的負擔，例如必須記得在親友生日前兩週就買好生日禮物，才能及時包裝並在對方生日到來前送達禮物。這就是許多人口中所謂「女人家的事」，這些責任沒有固定的工作時間，而且就像流理台上的髒碗盤洗了又堆、廚房地板總是得擦了又髒一樣永無止盡。我當然也想要有自由的獨處時間好好專心創作，但我就是沒辦法。我總是在撿這裡一隻、那裡又一隻的襪子，隨時都在闔上有人不隨手關好的櫃門，還要努力一次又一次及時妥善規畫、安排送出親友的生日禮物。這些事實在沉重到讓我好想丟雞蛋表達憤怒，而這也正是我如此喜愛莎拉・魯卡斯這位藝術家的原因。[140]

魯卡斯屬於英國青年藝術家（Young British Artists，簡稱YBA）這個鬆散藝術團體的一員（作風前衛、怪誕的藝術家戴米安・赫斯特〔Damien Hurst〕等人也是成員），她在一九九〇年代中期開始打響名號，作品充滿了視覺上的雙關意涵。如果說莫蕾是我在二十幾歲時渴望成為的性感藝術女巫，魯卡斯正是現在的我會想要變成的那一種女巫——好比宮廷中的弄臣那樣，有傳奇的職業生涯，年紀漸長卻絲毫不減玩心與幽默感。魯卡斯最知名的就是雕塑及攝影創作，她的作品常常會用到新鮮的食物。魯卡斯厲害的作品太多，無法在這裡一一詳述。簡而言之，她的第一場展覽名為《釘在板上的陰莖》（*Penis Nailed to a Board*），多年來她還創作了其他作品，例如把一整隻生雞黏在大內褲上，或是用朋友的下半身當模板打造石膏像，再把這些石膏像的肚臍、肛門、陰部插上香菸做出抽菸的樣子，後面則襯著蛋黃色的背景。[141]

雞蛋是魯卡斯一直熱衷於在作品裡呈現的主題。她最知名的創作大概就是一九九六年的攝影作品《與荷包蛋自拍》（*Self Portrait with Fried Eggs*），畫面中她雙腳大開坐在扶手椅上，胸部則蓋著兩顆荷包蛋。這裡出現了藝術評論所謂的視覺雙關——荷包蛋是對女性平胸的戲稱，而魯卡斯正好就是這種小胸的身材——這部分已經夠有趣了，但在那張照片裡，她的雙眼又流露出彷彿在賭觀者敢不敢對她的身材說三道四、指手畫腳那種挑釁的眼神，為此攝影作品增添了帶點傻氣卻又深刻的嚴肅意涵。在完成《與荷包蛋自拍》之前，魯卡斯還有一件作品名為《兩顆煎蛋與一份土耳其烤肉》（*Two Fried Eggs and Kebab*），她在一張有許多磨損痕跡的木桌上把兩顆煎蛋與一份土耳其烤肉擺成一對胸部和一副陰部的樣子。這些作品在二〇一九年被運至洛杉磯的漢默美術館（Hammer Museum）進行《純粹》（*Au Naturel*）回顧展，博物館的工作人員每天都得煎兩顆新鮮的荷包蛋來展出。《洛杉磯時報》（*Los Angeles Times*）的報導指出：「魯卡斯給博物館的工作人員普伊（Pugh）相當清楚的指示：煎蛋的底部要堅韌，蛋白要有棕色的邊緣；不要加調味料或油，以免弄髒用來放煎蛋的桌子。普伊補充道：『而且一定要是只煎了單面的太陽蛋。那種蛋帶有濃濃的卡通感，不太像會存在於現實世界的太陽蛋。』」也就是說，魯卡斯在藝術展覽空間裡，用真的蛋來表現帶有卡通感的假蛋。[142]

後來魯卡斯還完成了數個與打破生雞蛋有關的創作。魯卡斯與她的藝術家伴侶朱利安・西蒙斯（Julian Simmons）共同創作了《生蛋按摩》（*Egg Massage*）的藝術計畫並拍下影片，畫面中可以看到她和朋友正在舉辦歡樂的跨年夜晚餐派對，西蒙斯全身赤裸、面朝下躺上已經清空的晚餐桌。其他在場的人紛紛拿了點亮的蠟燭、切半的鳳梨及一顆蘋果加入這個靜物畫中，背景中能看到檯面上架著肉鉗，夾住了看起來頗為昂貴的大火腿。影片搭配著高雅的音樂，其中一個鏡頭拍到魯卡斯手上拿著1／2尺寸的小提琴在演奏，後面則有一位女子拿著刀正在切火腿，從視覺上看起來彷彿是刀子與琴弓在合奏一樣。這時魯卡斯拿出整整兩盤大約五十顆左右的雞蛋，一股腦將這些蛋放在西蒙斯身旁，接著她拿起刀，一顆接著一顆以俐落手法敲開蛋殼。西蒙斯趴在桌上，從蛋殼裡打出來的新鮮蛋白和蛋黃不斷從他身上滑落，他則一邊以承受著感官愉悅的方式扭動；魯卡斯這時笑著說，還沒完呢。不久後，生蛋慢慢流淌到西蒙斯的股溝裡，於是魯卡斯開始把還沒弄破的蛋黃以工匠塗抹塗料般的手勢，全抹在西蒙斯身上。雖然這部作品名稱叫《生蛋按摩》，但從畫面上看起來，魯卡斯的手法看起來比較像在把生蛋當塗料抹遍西蒙斯的身體，同時小提琴的樂音與晚餐派對的談笑聲不絕於耳。沒多久，桌上便已經布滿滑溜溜的生雞蛋，西蒙斯的身體也因此在桌上滑動，而此時魯卡斯將他翻過身換成仰躺的姿勢，繼續在他身上塗抹生雞蛋，甚至還玩弄他的睪丸，讓它看起來彷彿就像還沒被敲破的蛋殼一樣。最後，西蒙斯把裝滿了破碎蛋殼的蛋盤蓋在他的鼠蹊部上。在西蒙斯從桌上起身之後，鏡頭便朝著桌上的一片狼藉拉近——大量的生雞蛋，以及擺在蠟燭之間的破碎蛋殼。接下來就是用畚箕把蛋從桌上刮下來的畫面，影片到這裡就結束了。

柴克瑞・史莫（Zachary Small）對影片整體氛圍下了評論，而我也同意他的說法，他是這麼說的：「充滿女巫正在施法、進行儀式的氛圍。」[143]

我發現《生蛋按摩》這支影片其實富含各種意義。西蒙斯在桌上扭動的畫面令我油然而生一股熟悉感——那些姿態絕對帶有濃濃的色情意味——不過我其實不太習慣看到男性擺出那樣的姿勢，而他也為取悅觀者敞開了自己被物化的身體，甚至還有點受輕賤的意味。魯卡斯用一種藝術家不帶私情的精準，把蛋黃往西蒙斯身體各處塗抹，她一邊笑一邊專注於身體上的蛋黃，而這麼做的結果也不僅僅是趣味而已。另一位評論家迪格比・瓦德－艾爾丹（Digby Warde- Aldam）解釋：「透過鏡頭，我們可以看見在場的每個人都很享受當下，但是我們在看這些畫面時，卻必然會感到一絲不適。」就如魯卡斯多數作品給我的感受，我對她創作藝術時的「玩心」很有共鳴。她將藝術中赤裸的女體——斜躺著用挑逗目光看著觀者的女性——與男性的角色顛倒過來。躺在那裡的不再是女奴，而是她身為男性的伴侶；男性那帶有暴力意味的凝視目光，則被置換成女性藝術家在男性身上塗滿雞蛋並緊緊抓住他睪丸的行為。[144]

不過到目前為止，在魯卡斯的作品中我最喜歡的，還是她參與式的藝術創作：《一千顆蛋・獻給女性》（*One Thousand Eggs: For Women*）。該作品給了即將傾瀉而出的女性憤怒一個出口。所謂《一千顆蛋：獻給女性》名副其實——魯卡斯準備了一千顆蛋給現場的女性（只要穿著符合刻板印象中的女性衣著，無論生理性別為何都可以參與），而藝廊裡會有一面經過特殊處理的白牆，然後參與者就可以盡情朝牆面丟雞蛋了。此作品已經多次在幾個不同城市展演過，每一次的形式都一樣。最開始頭幾顆蛋都是由魯卡斯遞給參與者，也會教她們怎麼丟。洛里薩・萊內哈特（Lorissa Rinehart）在名為《超敏感》（*Hyperallergic*）的線上藝術雜誌描述了在洛杉磯漢默美術館進行的那次展演，魯卡斯首先對在場群眾說了幾句話，請大家丟擲雞蛋時盡量平均分布在整面牆上、要讓現場人人都有機會參與，也不要連續丟太多顆蛋獨占所有樂趣。萊內哈特寫道：「剛開始整個活動還瀰漫著一股高雅的氣息，但等到大家都放開手腳，就開始此起彼落地丟雞蛋了。」雞蛋砸在牆上發出悶聲碎裂的聲響，聽起來就像不規則的鼓點。現場空氣中充滿「歡欣毀滅」的氣息以及女性的憤怒。萊內哈特描述，這件作品最令人滿足的地方在於參與者表現出來的情緒：「我們本不該亂丟雞蛋，社會一般都認為女人不可以任意表達憤怒，我相信這個社會應該也認定女性不該製造出一團亂。不過就在這件作品完成的同時，我們這些女人實實在在搞出了一團混亂。」[145]

眾多女性輪番把這世上最珍貴的細胞往硬邦邦的牆上投擲，這幅畫面十分詩意。女性本該悉心照顧、滋養這些蛋——啪！——但它迎來的卻是破壞。所有女人體內的卵子都有其定數，沒了就是沒了，比方說就不像睪丸能不斷製造出新的精子——啪！[iv]這種理所當然預設女性就該擔任照顧者的思維，建構出了設計來控制女性身體的法律（例如阻止女性墮胎）。魯卡斯本人在青少女時期就曾意外懷孕，而她當時便選擇了終止妊娠。魯卡斯用藝術創造出另一個現實：一個女性能自由選擇要拿這些「蛋」做什麼的世界——而她們選擇用這些珍貴的細胞來創作藝術。[146]

過去有段時間我很認真思考自己到底要不要生小孩，那時我正好去了一趟藝術村，在那裡認識了許多女性小說家與詩人，而她們都有母親的身分，從她們口中我才知道，同時扮演母親與藝術家的角色是什麼感受。其中一位說她每生一個孩子，就少了寫一本書的機會，不過她接著又補充：但我愛看詩人閱讀，也喜歡看演員表演。

每多用一顆蛋創造生命，就少了一次能把它丟到牆上留下痕跡的機會；然而這每一顆蛋，又或許應說是每一件藝術品，都該有能為自己決定命運的權利。

iv 不過值得注意的是，這些年來各種科學界提出了愈來愈多研究證明，卵巢或許能在人類生命中製造出原有定數以外的新卵子，而這得歸功於近來發現的卵巢幹細胞。

第十章　太空蛋

人類生來好奇；連小朋友都會有一段時期總是「為什麼」不離口，一直問個不停。在我訪問多位太空專家的同時，我的孩子正好就在這個階段。我兒子根本還不知道世間萬物並不是統統可知，而在那些可知的事物當中，也不是一切都很實用或有趣。然而人類就是停不下那顆好奇的心，尤其在面對自然界以及生命的脆弱時，我們更是有著無比旺盛的求知欲。

人類生命的延續有一大弱點：地球上容納了所有用來創造生命的卵，而這個星球正在不斷快速暖化。據說桃樂絲・帕克（Dorothy Parker）去醫院接受合法墮胎手術之後便開了個玩笑，她說搞出私生子就是她孤注一擲，把所有蛋都放在同一個籃子裡的活該下場。[i]然而人類有辦法上太空，這就帶來了一些解方：不僅滿足了我們對於週遭環境的

i 譯註：原文為putting all her eggs in one bastard，是以putting all eggs in one basket（意指孤注一擲）變化而成的文字遊戲。

好奇心，也拓展出各種能造福全人類的科學知識。而這一切的終極目標就是為了保險起見，在另一顆星球上（比方說火星）保留繁衍生命的可能性。147

要維繫生命，勢必得要有持續不斷的食物來源（包括蛋白質）。任何太空殖民地——不管什麼東西，只要前面加個「太空」聽起來就酷多了，對吧？——只要有了能不斷製造蛋白質的來源（例如不斷下蛋供人食用的禽鳥），就有機會成功。除了可供應食物的好處之外，科學家也能用蛋來代替人類進行實驗，以了解微重力環境對於人類生命的繁衍可能有什麼影響。

蘇聯一開始選了日本鵪鶉（Japanese quails）為實驗對象。日本鵪鶉將吃進去的飼料轉換為鳥蛋營養的效率特別高，蛋的尺寸雖然只有雞蛋的三分之一，營養密度卻高出許多。每一公克日本鵪鶉蛋所能提供的蛋白質、脂肪以及熱量都比雞蛋更高，蘊含的維生素B_2和鐵質也加倍，更有一．五倍的維生素B_{12}。蘇聯曾多次將受精鵪鶉蛋放進培養箱裡送上太空。一九七九年，搭乘聯盟三十二號（Soyuz 32）上太空的鵪鶉蛋胚胎成長的速度比在地球上來得慢，而且還少了最關鍵的身體部位——頭。然而科學家認為這個失敗結果問題應出自於儀器故障，因此後來在同一年，蘇聯科學家又在發射一一二九號衛星（Kosmos 1129，又稱Bion 5衛星）的任務中，送了六十顆鵪鶉蛋上太空。但由於加濕器故障，這些鵪鶉蛋重返大氣層時再度出狀況，最終所有鵪鶉胚胎都不幸脫水，但從外觀看起來發育十分正常。到了一九九〇年，被送上和平號太空站（space station Mir）的鵪鶉蛋終於孵化了，這是第一批在地球大氣層之外誕生的脊椎動物。不過這些小雞雖然成功孵化，卻因為太空中無重力的關係，沒有展現出早熟性動物應該具備的能力，也就是說，這些太空中的小雞無法到處跑來跑去自行覓食。即便太空人已經盡力餵食，小雞最後還是慢慢餓死了。研究人員製作了能夠綁住小雞的繫繩，希望藉此幫助牠們進食，但還是有其他問題存在：在太空中生活的雞沒有交配意願，也因此無法生出更多小雞，根本不能成為太空殖民地的蛋白質來源。[148]

美國當然不落人後也把蛋送上了太空。在人類剛開始探索太空，或者至少是逐步接近太空的時候（在聯盟號飛船、太空漫步、登陸月球或甚至火箭出現以前，人類未曾想過需要確保外太空長久的食物來源），他們需要回答的問題是：「假如我們真的上太空了，那裡會有什麼威脅到人類生命的危險事物？」一九一〇年代，奧地利裔美國物理學家維克托．赫斯（Victor Hess）博士便賭上自己的性命安全來探究這個問題的答案——他帶著驗電器（electroscope）跳上了最原始的高空氣球，一路飛上了平流層進行觀測。他推斷在那樣的高空中必定會有微小的次原子粒子從身邊呼嘯而過，而這些粒子也會隨高度而受到影響。赫斯獲頒諾貝爾獎時的引言就提到，「驚人的是，他發現隨著高度增加，電離剛開始會減弱，然而一旦到了更高的地方，電離又會再次增加。因此他推斷出，高層大氣會因為太空中的輻射線而產生電離，而赫斯也藉著在夜晚及日食的時候做實驗，以證明這些輻射線並非出自於太陽照射。」就這樣，他有了令人讚嘆的發現——宇宙射線（cosmic rays）。然而直到二〇二一年，科學家依舊還未全然了解宇宙射線是從何而來。[149]

許多科學家出於對宇宙射線的恐懼而開始進行高空氣球實驗，他們將無數生物樣本送上高空——植物、動物、組織培養物，當然也有蛋。他們想要從中觀察宇宙射線是否會對這些東西造成傷害。自從我開始深入了解上太空的蛋以後，與我合作的遊戲設計師傑森（Jason）（他同時也是個太空迷）便推薦我加入了Facebook上的Space Hipsters社團。哎，我對太空的熱情老實說根本沒那麼強烈，太空這麼大，又只遍布著像岩石和重力波這類沒生命的東西，實在不太有趣。但我在這個社團裡認識了太空歷史學家暨古根漢（Guggenheim）獎學金得主：喬登・賓博士，他熱心為我介紹了關於太空蛋的許多細節。他說，一九五〇年代的諸多高空氣球實驗其實根本是「用途不明又不為人所知的軍事計畫」，基本上只證明了宇宙射線不會造成立即死亡這件事而已。然而賓博士又表示：「太空就像一面鏡子，能夠清楚映照出人類文化的各種面向，各式各樣的事物只要擺在『太空的框架』底下，就會被放大，而且也會變得更奇怪。」各位請將這一點記在心上，我們先來快速檢視一下，當初到底有什麼東西被送上了高空氣球。

實在是有太多千奇百怪的東西——動物、植物與種子（也就是另一種意義的蛋）、蔬菜、病毒、細菌——被送上了高空氣球，其中我最感興趣的是這兩樣：動物的蛋，以及培養出的人體組織。那些蛋中包括了已受精的雞蛋及其他動物的卵子。賓博士寫道：「雞蛋與人體從本質上來說大致相似，因此是最早用來研究太空環境對生物會造成何種影響的生物體。然而雞蛋實在太脆弱，無法撐過一開始用來搭載生物的火箭航程，不過依然有其他動物的蛋（例如海膽卵、果蠅卵）符合搭載生物的標準。」蛋裡其實都蘊含了組成生命的最基本元素，所以這種推斷也很合理——假如連蛋都無法在太空裡生存，我們人類還有什麼希望呢？[150]

除此之外，在太空實驗裡還會以部分的人體組織來替代真正的人類。一九四〇年代末至一九五〇年代末之間，瑞士及美國科學家便送了總計超過五十種包括動物及人體組織的實驗樣本上太空。其中就包含海拉細胞（HeLa cells）——從一位罹患子宮頸癌的非裔婦女海莉艾塔．拉克斯（Henrietta Lacks）身上培養出的不死細胞系。拉克斯後來還是死於子宮頸癌，但培養細胞系這件事其實從頭到尾都沒經過她的同意。除此之外，火箭還承載了另一件觸動我心弦的組織樣本：「在乳房切除術後進行整形手術，以取皮刀〔據原文表示：取皮刀基本上就是用於手術的水果刀或削皮刀〕取下的無菌皮膚樣本。」以當時的時代背景來看，我猜這些科學家大概也從未徵求過這位不知名乳癌患者的同意吧。[151]

最後科學家們終於下了結論，宇宙射線對生命體不會造成立即性的生命威脅，也因此決定開始送人類上太空。美國科學家選擇太空人的條件會是什麼，各位應該都猜得到，其中也特別因為（根據賓博士的研究）政府在第二次世界大戰後，從納粹德國的空軍帶了許多前納粹科學家回到美國研究太空計畫，他們會選擇的人種組成就不那麼令人意外了——果然不出所料——這些科學家對於應該送哪種人上太空有十分明確的意見。根據賓博士的描述，他們選擇了「能夠駕駛軍機並擁有工程學位的健康白人男性」。

對我來說，這些高空氣球的故事背後隱藏了長久以來不變的社會現象。為了要送男人出發展開冒險歷程，就得先犧牲女性，剖開她們那帶有母性象徵的身體——那具有卵子、子宮頸、乳房的軀體。也許準確來說，第一個進入太空的人類根本不是那些白人男性，而是海莉艾塔·拉克斯的子宮頸細胞。她的細胞系不僅隨著美國的高空氣球實驗飛上了高空，也被放上了蘇聯的史潑尼克六號（Sputnik-6），一起進入外太空。

起初，雞蛋是因為被吃進了太空人肚子裡才上太空。

假如你跟展開航程之前的太空人一樣維持「低渣飲食」，早餐只吃牛排、蛋、吐司和黑咖啡，就會跟他們一樣拉不出什麼東西來。非營利組織MuckRock透過《資訊自由法》（Freedom of Information Act）向政府索要文件，才知道原來中情局為即將進行長達十小時高空間諜任務的飛行員研發出「極機密免排便飲食」。首位進入太空的太空人也基於同樣的原因，得在航程間盡可能減少排便。後來這種免排便飲食便成了火箭發射日的傳統，是太空人、地勤人員，以及太空迷當天必吃的餐點。[152]

蛋的營養密度極高——是提供大量蛋白質與脂肪、維生素與礦物質的優良食物來源——而且也會令人思念起家鄉。這麼說來，蛋會出現在太空任務的菜單上，就一點也不意外了。二〇一六年，歐洲太空總署（European Space Agency）的太空人提姆・皮克（Tim Peake）拍了一支影片，示範他在國際太空站（International Space Station）「烹調」早餐的過程。但他拿出的那包皺巴巴、乾癟癟的黃色不知名物體，對愛吃蛋的我來說卻可謂一場惡夢。他把那包據稱是炒蛋的東西插進一組滿是按鈕的面板上，然後注入溫水，接著他一邊用手指揉捏那包東西，一邊對鏡頭說：「等個五分鐘就可以吃了。」烹飪中的情調去哪了？燒得燙燙的平底鍋呢？奶油呢？和副主廚之間的唇槍舌劍、你來我往呢？外太空這種地方根本沒有餐廳，所以我想他一定覺得有東西可吃就偷笑了。對我來說，那稱不上真的在生活。[153]

美國為了在外太空孵化雞蛋而借助資本主義的力量，運用了相當有美國特色的手段達成目標。故事發生在一九八〇年代，一位教自然科學的老師建議他優秀的八年級學生約翰．魏林格（John Vellinger）參加美國太空總署（NASA）舉辦的比賽，提出他為太空梭設計的實驗計畫。魏林格家的後院有養雞，而他發現雞在孵蛋的過程中會定期轉動雞蛋，魏林格推測那是為了抵抗地心引力對蛋黃的影響，好讓蛋黃一直保持在雞蛋中央。於是他開始思考，那麼在太空的無重力環境下，雞蛋會有什麼變化呢？為了了解這一點，他用木箱打造出最原始版本的太空培養箱。不過魏林格雖然在地區性科展脫穎而出，卻未在全國科展勝出，而他依然堅持不放棄，繼續想盡辦法改良實驗概念。直到第三次嘗試，他終於在全國科展上得獎了，這也就表示，他有機會把自己的實驗計畫放進真正的太空梭一起飛上太空。

美國太空總署則想盡辦法吸引科展得獎者與企業贊助商合作，藉此敦促這些尚處於起步階段的原始實驗計畫更進一步發展。於是魏林格為此便從印第安納州（Indiana）遠赴肯塔基州（Kentucky）的路易斯維（Louisville），去與知名速食炸雞餐廳的公司成員碰面。肯德基的高層同意了這項贊助計畫，魏林格的實驗也就在眨眼間定案，這時的他還是在大學攻讀機械工程的大一新生，因此他說這對他而言是「美夢成真」。肯德雞於是派了在集團內任職的馬克．杜瑟（Mark Deuser）與魏林格進一步合作。杜瑟表示，像肯德基這樣的速食界龍頭，一定都有大規模的研發部門，也必然具備各式各樣的烤爐和實驗器具，肯德基正是運用這些器材才能發展出全球各地門市通用的烹調技術。在整個肯德基集團裡，馬克．杜瑟確實就是最適合協助約翰．魏林格打造培養箱的人選。[154]

於是他們在研發部門的地下室開始著手打造培養箱原型。當然，過程中想必會遇到各式各樣的困難，畢竟把蛋送上太空可不是一件容易的事。要將蛋完好無缺運送到太空，就表示得克服火箭發射時產生的加速度力量，也要確保過程中的震動不會危害到胚胎。魏林格認為解決這個問題的方法——即打造出減緩震動與加速之影響的雞蛋搖籃——將會是他們的「最大成就」。

假設蛋真的毫髮無傷抵達外太空，這個培養箱還得要在太空梭內的乾燥環境維持最適合蛋生存的溫度與溼度。魏林格他們利用袋子和海綿解決了濕度的問題：一旦空氣濕度太低，太空人便會定時將海綿沾濕放入培養箱裡，以維持蛋的濕度；而假如空氣濕度太高，則可以運用氣泵排出濕氣。魏林格說，他們透過這樣的方式在肯德基公司地下室的實驗室孵出了許多小雞。同時兩人也再三確認培養箱確實足夠耐用，以免成功上了外太空卻半途故障。155

既然培養箱已經準備妥當，接下來魏林格和杜瑟就該決定要在培養箱的三十二個孵蛋槽中放哪些蛋上太空了。他們絕不想白白浪費任何一個孵蛋槽，因此魏林格在大學苦修胚胎學課程，並且廣納肯德基雞隻供應商的意見，以求盡可能有效運用培養箱。他告訴我：「在太空梭啟航前，我先用照光檢查，精挑細選了每一顆蛋。」從古到今，人類都會利用照光檢查蛋究竟是否新鮮完好，只要透過光線——以前是用蠟燭，現在則是電燈——就可以看出蛋裡面是什麼模樣。經過一番討論，他們決定把數個兩天大的胚胎以及九天大的胚胎送上太空梭，藉此觀察微重力環境對於胚胎的不同成長階段會有什麼影響。另外，他們也同時在地球上用一模一樣的培養箱孵化成長階段組合完全一致的胚胎，也會每天翻動這兩組實驗用的蛋。

然而這首次實驗在一九八六年的一月二十八日正式展開，卻也在同一天因為挑戰者號（Challenger）意外爆炸戛然而止。杜瑟在太空梭升空前還實際進入艙內確認實驗設備，運作正常，直至挑戰者號起飛前最後一刻才離開太空艙。他和魏林格當天親眼目睹了悲劇的發生。（後來成為太空歷史學家的喬登．賓當時才三歲，電視上轉播了挑戰者號升空爆炸的畫面，這是他有記憶的第一個畫面。）

三年後，杜瑟和魏林格終於因為STS-29太空任務而又有機會將實驗送上太空梭。發現號（Discovery）於一九八九年正式升空，這一次培養箱裡一樣裝了三十二顆蛋，攜帶的胚胎有兩天大與九天大的，兩者數量均等。魏林格這次也一樣親眼看著發現號升空，見證太空梭帶著他的雞蛋飛向太空。他說：「那感覺太不真實了，看著自己辛苦耕耘多年的夢想終於實現，令人心滿意足，我一方面興奮難耐，又同時感受到滿滿的成就感，這麼多年來的時間與心力總算都值得了。我爸爸也在現場親眼看著發現號升空，他熱淚盈眶，還給了我一個大大的擁抱。」

最後實驗結果揭曉：兩天大的胚胎分別在不同時間點統統死掉了，證明重力對胚胎的初期發展來說影響甚巨，而九天大的胚胎則大部分都存活下來。這些九天大的胚胎當中，有些還在蛋殼裡就被研究人員拿來解剖，有些則被留下來，也順利孵化了，無論是生是死，都是用於人類的科學研究。他們為第一隻孵化的小雞取名為肯德基，牠回到地球上以後，就被送到路易斯維動物園（Louisville Zoo）度過餘生。至於其他孵化出來的小雞則分別被送往各大城市（如芝加哥、拉法葉）的動物園。

魏林格和杜瑟一起開創事業，他們攜手創立了Techshot，致力於研發在太空裡繞著天體運行時也能使用的科學器械。後來他們又陸陸續續送了許多蛋和骨質密度分析儀上太空，該儀器可用來檢測這些蛋的骨密度。除此之外，他們也著手研發能夠運用人體幹細胞（或者就送上太空的蛋而言，則是雞或蛋的幹細胞）進行3D列印的生物列印機，最終目標是要在太空列印出能供應移植用途的人體器官。各位可以想像看看，假如可以直接用自己的基因當材料，製作出新的移植用腎臟，那簡直是醫學與科學的革命性突破。而這種生物3D列印的過程必須在太空裡進行，就如同熔化的塑膠材質需要時間才能在模具裡好好凝固，生物性列印材料也需要一定的時間才能凝聚成形，假如在地球上進行列印，這些生物性列印材料便會因為本身的重量而崩解，無法順利成形。二〇二〇年，他們已成功在太空列印出人體的膝關節半月板軟骨；隔年，專門從事太空商業基礎建設的Redwire收購了Techshot和另外七家也從事太空探索事業的公司。[156]

從純粹自私的角度而言，我希望把送蛋上太空的實驗能解決對我和其他有卵巢的人來說都無比重要的問題。卵巢這個器官在人體中的功能並不僅僅是儲存卵子而已，它還會釋放負責調節生理週期的各種雌激素與黃體激素等多種荷爾蒙，除此之外，這些激素還有活化骨頭內的骨母細胞（osteoblast cells）等各種功用。骨母細胞能夠幫助人體形成新的骨細胞，同時也能控制骨骼的礦物化，因此既然雌激素能夠活化骨母細胞，人體在更年期時，自然也會因雌激素下降而面臨增加的骨質疏鬆風險。對於那些提早進入更年期的人來說，更是雪上加霜——歷經更年期愈久，就代表人體骨骼流失礦物質、骨頭質地變得愈來愈脆的時間拉長了。（假如我在某個年齡懷孕，醫生會說我是**高齡產婦**，但要是我在同樣的年齡因為卵巢切除術而進入更年期，又會被認為是**提早**更年期；不得不說，這些所謂高齡或提早的判別標準真的很怪。）太空人就像我這種面臨手術更年期的人一樣，會遭遇突如其來的骨質流失，或者說他們必然至少會流失腿部的骨質。不過他們前臂的骨質通常會增加，或許是太空人在太空中生活得要大量用到手部的緣故。[157]

多年來，特殊外科醫院的資深科學研究員史提芬·多帝（Steven Doty）博士持續不斷探索各種治療骨頭、軟骨與結締組織疾患的療法，而他也在Techshot與杜瑟和魏林格合作，攜手將鵪鶉蛋送上太空以研究骨質流失的問題。除了正面臨更年期的人以外，長期臥床的病患也會因為人體缺乏活動而大量流失骨質，因此太空人在太空中繞著衛星軌道航行時，必須投入大把時間做大量的運動，才能對抗微重力對骨骼產生的負面影響。

美國太空總署對太空人的健康情形十分保留，釋出的資料非常稀少，因此科學界目前還不確知太空人在歷經太空航程時，骨密度會有怎樣的變化。然而多帝博士說：「『身體如果不負重就會流失骨質』，這已經是眾所皆知的理論了。」多帝也表示，以他針對長期待在太空的太空人所了解的少數資料而言，他知道太空人回到地球後，身體的骨質就會因為重新開始負重而增加，然而這種增加骨質的過程會在大約六個月後就停下來。多帝博士說：「因此他們骨骼的質與量都不復以往。」[158]

多帝博士和Techshot都認為這個絕佳機會可以讓自家公司製作的雙層離心培養箱派上用場。這種培養箱一次能容納三十六顆日本鵪鶉蛋，整個器械的結構小巧堅實，又能自動調節箱內的各種條件——基本上只要在啟動前完成設定，接下來就可以放著不管了——這對於在太空艙裡得身兼多職的太空人來說是大優點。Techshot設計的儀器甚至可以將固定劑注入蛋內，使胚胎維持在某個成長階段不再繼續長大。儀器裡的雙層離心震盪功能還能做出有趣的對比，例如Techshot和多帝博士就合作將兩組雞蛋送上太空做實驗，一組放在微重力的環境下，另一組則是擺在離心震盪設備裡不斷旋轉，以模擬地球上的重力影響。微重力環境下的鵪鶉胚胎會不會繼續長出完整的骨骼，正是他們亟欲了解的其中一件事，而假如答案為肯定，那麼牠們的骨骼又是否正常？之所以進行這項實驗，就是希望能為人類帶來更多關於治療骨折的全新洞見。這個研究團隊還有其他成員，例如華盛頓學聾人中心（Washington University's Central Institute of the Deaf）的大衛・迪克曼（David Dickman）醫師就是其中一員，他做的研究聚焦於耳內前庭系統的發展，及其對暈眩症狀的影響。可惜的是，在太空中高強度的G力、離子輻射還有強烈震動的影響下，半數鵪鶉蛋樣本都不幸死亡，因此無法取得足夠可靠的統計數據。其中四個在返回地球的航程中倖存的鵪鶉蛋胚胎，相對於在地球上的對照組，生長出的骨骼明顯較少。[159]

對Techshot來說，一切的開端都源自一顆蛋，而如今他們已發展到可以一邊在太空環繞地球，一邊深入研究骨質流失與肌肉萎縮疾病，並在太空中用老鼠做實驗，測試抗骨質疏鬆的藥物；同時，他們的骨質密度分析儀完成了一百五十六次掃瞄。不過到了二〇二一年，太空研究學界已傾向不再使用動物做實驗了，因為那要用到過多人力和時間去照顧，而人力是在太空研究中最稀缺的資源。多帝博士表示，化學、工程、物理學領域的微重力實驗，才是當今太空航程「最有前景」的用途。

與這些太空研究人員交談讓我內心升起了滿滿對於太空未來的希望。魏林格與杜瑟隨口提及在火星上生活的話題，令我不禁以為那是在不遠的將來定會實現的事情。任何事物前面只要加上「太空」兩個字，還是會讓我驚嘆：太空蛋、太空胚胎、太空研究。然而，就算他們表現出的態度無比樂觀，但從我這個坐著扶手椅、好好待在地球上又平凡的門外漢角度來看，他們所提出的實驗結果並不真的如此。除非已經成長至足夠的天數，否則雞胚胎在太空中無法成長得太好，這對於太空繁衍和太空生殖，以及在太空中創造可再生的蛋白質來源而言，都不是個好兆頭。（但另一方面，運用生物列印技術在太空中列印出牛排——在我寫作的此時此刻，Techshot正在研究這項技術——還比較有可能成真。）太空人會大量流失骨質，這對於太空裡的人體骨骼，以及在太空中經歷更年期來說，都不是什麼好事。我顯然不是什麼了不起的天才科學家，但這些困難點就我有限的知識看來，都是難以跨越的障礙。另一方面，在太空列印出腎臟、子宮或肝臟的研究成果與可能性，則讓我對地球上的醫學技術懷抱了希望。[160]

人類未來一定會繼續探索天際，也必然會為此付出更多的資源與更大的心力，一切的努力可能是為了科學、為了樂觀的態度，甚至是為了那些或許能保佑我們免於氣候災害的神祇。然而我們或許也不該忘記，環保人士說的一點也沒錯：我們只有一個地球。人類所有的蛋、所有賭注都放在地球這個籃子裡，我們最好別繼續胡作非為，從現在起好好對待這顆星球。

第十一章 以蛋療癒

其實現代人類也仍跟羅馬人一樣，會飼養像聖雞那樣有特殊用途的雞，只不過不再是由祭司飼養，也並非用來占卜未來，而是飼養在有守衛看守的祕密地點。美國政府到底養了多少隻雞、花了多少錢在這上面，這些都是國家機密，但我猜絕不是個小數目。二〇一七年，美國衛生及公共服務部（US Department of Health and Human Services）就以四千兩百萬美元與單一家雞蛋供應商簽訂了三年合約。根據有線電視新聞網（CNN）估計，光是為了對抗流行性感冒，美國每年就得購買一．四億顆蛋。這個國家能擁有廣大的健康勞動人口——也就是接種了疫苗的健康勞動力——都得歸功於用來製作現代疫苗的雞蛋。[161]

過去曾有不計其數的人類因為傳染性疾病而死亡，阻止這一波波令人喪命或毀容的疫病遂成為人類亟欲達成的共同目標，例如天花（Smallpox）就是有高達三分之一死亡率的恐怖疾病。早在西元一〇〇〇年的中國就已經有種痘的技術，也就是把天花膿包的乾痂磨成粉，再吹入健康的人鼻子裡；後來歐洲也發展出將天花膿液抹在健康的人手臂傷口的免疫方式。在所有經由這些種痘方式感染活體病毒的人口中，只有百分之二到三的患者會死亡，與天花造成的死亡率相比，已經是極大的進步。然而遺憾的是，這種透過種痘產生免疫的方式有時反而會造成疾病大流行。[162]

一七九八年，英國醫師愛德華・詹納（Edward Jenner）在天花預防的領域中向前邁了一大步。他發現，原來關於擠奶工人的傳說是真的：得過牲口傳染疾病——牛痘的人，就能對天花免疫。當時沒人知道那是因為天花與牛痘病毒十分相似，因此會攻擊牛隻的病毒卻不會對人類造成傷害。詹納本人小時候就已經種過痘，因此無法親自試驗種牛痘的效果。於是他從擠奶女工莎拉・奈姆斯（Sarah Nelmes）的牛痘膿包採集病毒，注射到八歲大的詹姆斯・費普斯（James Phipps）身上，這位小男孩出現了些許身體不適的症狀後安然痊癒，之後詹納再試著讓小男孩感染活體天花病毒；結果證明，這種接種疫苗方式真的有效。後續的進一步實驗結果也顯示，接種過牛痘（有時候則是馬痘）的人，就不會再把天花病毒傳播出去，而且這種免疫方式致死的比例也低了很多。除此之外，接種牛痘的注射點會長出膿包，可藉此採集膿液為下一個人注射。這就是詹納在醫學上的重大突破——他運用與人類傳染性疾病相似的動物病毒，發展出一種不會致命又有效的活性疫苗。詹納的好友理查．鄧寧（Richard Dunning）醫師建議他將這種全新的治療方式命名為疫苗（vaccine），名稱就取自於牛的拉丁文*vacca*。[163]

不過這種疫苗接種方式的確還是有些缺陷要克服，其中之一就是病毒取得不易。病毒不像細菌那樣單靠培養皿上的營養培養液就能生存無礙，許多病毒都必須仰賴活體才能長時間存活。歐洲的醫生就曾把沾染了天花患者淋巴液（也就是膿包裡的膿液）的衣物乾燥處理後帶去下一個城鎮，到了當地再回復病毒活性，以此方式為人接種。然而乾燥淋巴液中的病毒無法撐過長途的海上航程，因此西班牙便把孤兒小男童當作載體，帶著病毒跨海航行。他們會先在巴黎為男童注射牛痘病毒後再出航，而這些小男童如此犧牲能換得的是受教育和被收養的機會。一八〇三年，皇家慈善疫苗遠征隊（Royal Philanthropic Vaccine Expedition）載著二十二位年齡三至九歲不等的孤兒，一路航向卡拉卡斯（Caracas）。他們先為第一批孤兒接種，然後等到注射位置的膿包成熟後，船上的醫師就會將膿液接種到下一批孤兒的手臂上，循此方式不斷接續活體牛痘，直到抵達委內瑞拉並將成熟牛痘膿包的膿液種到當地人手臂上為止。接下來的幾年，遠征隊一路前往哥倫比亞、厄瓜多、祕魯、玻利維亞、墨西哥，再航向菲律賓，然後抵達中國。不到十年內，他們沿路用這種方式為超過三十二萬人接種牛痘，連英國也是靠這種以人的手臂接力接種牛痘的方式來產生免疫力。不過這種疫苗接種方式除了有剝削孩童的弊端，還有其他重大缺點：不僅不夠方便，也有可能會在注射疫苗的同時，傳播如肝炎或梅毒等血液傳染疾病。[164]

以活體動物培養病毒曾經是製作疫苗的標準手法，但到了一八三六年，英國醫師愛德華・巴拉德（Edward Ballard）卻注意到，這種靠人與人接續接種的免疫方式效果長久下來會愈變愈差，就好像病毒慢慢消失了一樣。他參考過去的研究結果，提出將疫苗株與新鮮牛痘混合注入牛隻體內，再注射回人體的接種方式。最後他終於靠這種以動物製造疫苗的方法，解決了原本手臂對手臂接續注射而產生的各種問題。[165]

病理學家歐內斯特・古巴斯徹（Ernest Goodpasture）醫師則希望能找出更好的疫苗製作方式。他在一九一八年流行性感冒肆虐全球後，便開始進行病毒研究，當時全球大約有三分之一的人口感染了流感病毒，而其中百分之十的人——也就是一共五千萬人——死於流感。雖然死亡人口大多為年齡小的人和年長者，但其實無論任何年齡層、健康與否，人人都有可能成為流感病毒的目標。在流感疫情之後幾年，病毒研究成了炙手可熱又有充足資金挹注的醫學研究顯學。古巴斯徹則認為，想要對抗致命病毒，就一定得找到便宜又便捷的方式，培養純度夠高的病毒株來製作疫苗。到了一九二五年，古巴斯徹成為范登堡大學（Vanderbilt University）的病理學教授兼院長。兩年後，古巴斯徹將一項任務交給了自己的新助理，亦即畢業自曼荷蓮學院（Mount Holyoke）並於耶魯大學拿到生理學博士學位的愛麗絲．伍德勒夫（Alice Woodruff）。古巴斯徹要她靠活雞以外的媒介種禽痘（fowl pox），他建議使用受精雞蛋來進行實驗。伍德勒夫從此便開始在范登堡大學擔任生理學的學院助理，隔年又轉到了病理學院。接下來三年的時間，她都與古巴斯徹和畢業自耶魯醫學院的夫婿尤金．伍德勒夫（Eugene Woodruff）攜手合作研究。[166]

聰慧的愛麗絲改變了接下來整整一世紀疫苗製程的發展。她先用照光檢查的方式逐一看過每顆雞蛋後，再把適合的受精蛋放在蛋杯上，並用鉛筆清楚標記胚胎與氣囊的位置。她用小剪刀在蛋上割出極小的開口（後來的研究人員則改用牙鑽鑽孔），這樣一來她就可以將針插入蛋殼膜，把禽痘病毒注射到小雞胚胎裡。最後只要用凡士林將玻片固定在孔洞上，便能將這個完全獨立的小小實驗室（也就是整顆蛋）封起來，然後就可以把蛋放回培養箱裡，慢慢等胚胎長大了。[167]

儘管已經盡力保持整個實驗過程與環境都處於無菌狀態，但讓人挫折的是，每個胚胎都在禽痘病毒感染前就發黴了。於是她請來在樓下實驗室工作的丈夫，向他諮詢實驗過程是哪裡出了問題。他們一起檢視實驗步驟後才發現，出問題的是受到黴菌污染的病毒株。尤金進一步追查黴菌污染的來源，發現癥結點就在用來採集病毒的小雞皮膚上，所以他改變方式，先把小雞頭上的羽毛通通剃乾淨並徹底消毒採集位置與使用的刀片。採集病毒以後，他再把一部分樣本放進營養液裡培養，看看有沒有長出黴菌，假如沒有，就代表採集過程未受黴菌污染。除此之外，他運用極細小的針頭與滴管，還設計了一種新方式挑出純度極高的少量病毒。這些方法果然都奏效了——後來某天愛麗絲檢查培養箱時發現，其中一個胚胎還活著，而且一隻腳還腫了起來！根據葛瑞爾．威廉斯（Greer Williams）於一九五九年出版的《病毒獵人》i（*Virus Hunters*）一書，愛麗絲．伍德勒夫曾表示：「當時古巴斯徹博士來到實驗室，我們一起站在放著培養箱的角落，我給他看小雞胚胎因為接種而腫脹的爪子，我實在忘不了那振奮人心的一刻……有人說，那個腫脹處就是病毒的阿基里斯之踵（Achilles' heel），也就是病毒的弱點所在。」她和同事格瑞特．勃汀（Gerrit Buddingh）隔年又用雞蛋培養出牛痘病毒與皰疹病毒。[168]

但愛麗絲．伍德勒夫卻沒有在歷史中留下身影。在我閱讀的資料中，只有三筆提及她的貢獻，最後所有榮耀都歸於古巴斯徹。不過古巴斯徹仍肯定了伍德勒夫的功勞，他在一九三一年發表關於全新病毒培養方式的論文，並將愛麗絲列為第一作者。她卻覺得古巴斯徹這麼做實在「太大方了」，因為「自己當初會進行這些研究，是由於古巴斯徹的建議，而且他後續也提供了許多專業指導。」威廉斯也在《病毒獵人》中提到，在完成研究後三年，也就是這篇可謂病毒研究里程碑的論文發表後六個月，「她就辭職回歸家庭，當全職媽媽去了。」她也為了尤金的結核病研究，隨著丈夫一起搬到了密西根。她確實曾向威廉斯模糊表達過期待，希望在孩子長大、讀完書以後再次回到研究領域，然而我從資料上卻看不出任何此事成真的蛛絲馬跡。愛麗絲就和其他眾多一九三〇年代在學術領域奮鬥的女性一樣，成為母親就表示得放棄研究，而她對於疫苗研究的大多貢獻就這樣被歷史給淡忘。先別管莎士比亞那什麼想像中的妹妹了——我只想知道，假如古巴斯徹這位聰慧無比的助手愛麗絲·伍德勒夫沒有被那個年代關於母職的刻板印象給束縛，她究竟會有多大的成就？[169]

雖然伍德勒夫離開了科學界，但古巴斯徹的研究工作依然持續下去。他發現光靠一顆雞蛋就能製造出一千劑天花疫苗，也進行了一些研究來證明這種疫苗的安全性與實際效用。他在病毒的病原學方面有新的發現，也探索用雞蛋來培養細菌、真菌、原蟲的方法。除此之外，他發表了許多關於各種科學應用的論文，在我這個門外漢看來，他的研

i 譯註：書名暫譯。

究實在有種瘋狂科學家的感覺。他試圖在蛋裡培養出人類和雞的皮膚以研究皮膚感染，也把取自胎盤的胎膜放進蛋裡，藉此研究子宮內的病毒感染現象。他還有一篇論文的題目是〈初生敘利亞倉鼠的馬流產病毒感染〉（Infection of Newborn Syrian Hamsters with the Virus of Mare Abortion）——太超乎想像了。然而在諸多研究主題中，影響力最廣泛的依然是他與愛麗絲・伍德勒夫當初所做的研究。他們在一九三一年提出了初步研究成果，而馬克思・泰列爾（Max Theiler）就在五年後運用雞蛋製作出黃熱病（yellow fever）疫苗，並且經過人體試驗後，正式成為製作疫苗的通用方式。也因為有這項技術，人類後來才又陸續運用雞蛋研發出其他疾病的疫苗，如水痘和流行性感冒疫苗。小湯瑪斯・弗蘭西斯（Thomas Francis Jr.）與喬納斯・索克（Jonas Salk）這兩位醫學博士便運用同樣的方式，在一九四〇年代研發出流感疫苗。第一次世界大戰時，有將近四萬五千名士兵因感染流行性感冒而喪命（戰鬥傷亡人數則為五萬三千名），可想而知軍方十分積極資助這項研究。直到二〇二一年，靠雞蛋培養出的流感疫苗仍為全球人口接種流感疫苗的大宗，而這一切都奠基在愛麗絲・伍德勒夫所研發培養病毒、製備疫苗的方法之上。[170]

蛋能夠複製病毒是因為它有複製細胞的能力，不僅能夠繁衍生命，同時又不像活雞那麼麻煩需要照顧。除此之外，每顆蛋還像一間小小的實驗室一樣，天生就具有可阻擋外界污染的結構。不過儘管有以上種種好處，這種用雞蛋來製作疫苗的技術卻很可能在不遠的將來遭到淘汰。

我有一位來自挪威的好友——安・瑪麗・安德森（Ane Marie Anderson）醫學博士，目前正在攻讀免疫學的博士學位，就是她告訴我這個免疫醫學界可能發生的變革。我只要一想到安德森，腦海裡總會出現她穿著從頭包到腳、毛蓬蓬亂亂的綿羊裝的樣子，上一次我參加遊戲體驗設計師盛會時，就看到她穿著這套服裝（而她之所以如此打扮則出於一個內情有點複雜的笑話）。她是個笑點超特別的人，近來因為我生了小孩，又碰到疫情無法出國旅遊，所以我們真的好久沒見了。就在我們終於有機會好好聊天的時候，她剛好從挪威一間大醫院離職，先前她任職於該院的疫苗與檢測醫務中心，工作內容不僅要考量Covid-19的防疫措施——她是醫院隔離措施理事會的成員——在承受重大防疫壓力的情況下，安德森還要為許多有權做出關鍵決定的人士提供重要疫情資訊。舉例來說，當初該院大約有十天左右的時間，要決定在全院兩萬五千名員工當中，那百分之十率先接種第一劑Covid-19疫苗的配額應分配給誰。就在我們聊天的當下，疫情已經持續了一年半，而挪威也準備要解封了。當時我感覺得到她已精疲力竭，不過也可能因為那天正好是她重回免疫與輸血醫學領域、到職新工作的第一天。她有位同事說，這份工作對女性是很不錯的機會，因為可以兼顧工作與家庭，很適合想要成家的女性。安忍不住回嘴道：「對啊，這工作機會對我來說真的很不錯，但是因為我有博士學位。」

安解釋道，雖然早年用蛋來製作疫苗是十分重大的醫學進步，可是這種技術依然不夠有效率，對於病毒變種速度極快的流行性感冒（例如Covid-19）來說尤其如此。流感病毒並沒有內建能檢驗病毒複製是否完美無誤的控制系統，安告訴我：「所以病毒可能會在複製的過程中不小心失誤、出錯而產生變化，這對於病毒演化來說是一大優勢。」也就表示，想要製備流行性感冒疫苗，就像在瞄準不斷移動的目標，難以精準命中。冬天是流行性感冒猖獗的季節，關於這一點，科學家提出了許多可能的原因：也許因為天氣冷，大家都躲在室內和大量病菌關在一起；或許是因為晝短夜長又寒冷刺骨的天氣降低了人類免疫系統功能；也可能是冷空氣比較乾燥，病毒懸浮微粒飄在空中、能夠傳染的時間拉長；又或者是以上種種因素全部結合在一起所致。正因為流行性感冒盛行於冬天，北半球與南半球的流行性感冒好發期也就恰恰相反。世界衛生組織（WHO）會分別觀察南北半球的流行性感冒季，藉此推測地球另一半的區域接下來可能會流行哪一種流感病毒。安告訴我，用雞蛋製備疫苗的問題就出在這裡；例如想要做出一．六億劑疫苗好了——這大約是美國二〇一九年流行性感冒好發季所需的疫苗總量——要製作這些疫苗，前置準備期就要用上六個月。世界衛生組織會持續監控流行性感冒的疫情，委員會以半年一次的頻率，透過參考各項資料來盡可能準確預測即將流行的病毒株。他們在每年二月公布針對北半球流感疫苗的預測結果，九月提出的預測則針對南半球。政府的醫藥相關公家單位——例如美國疾病管制與預防中心（Centers for Disease Control and Prevention）及各國具相同功能的機構——會根據世界衛生組織公布的結果，向當地疫苗製造商提出建議，這些廠商就會開始製作相應的疫苗。每年這種先進行預測、再製備疫苗的方式帶來的結果都不同。狀況好的時候，從世界衛生組織公布預測結果，到六個月後真正開始接種，這段時間內流感病毒變種的幅度可能不大；狀況差的時候，病毒株可能會在這段時間有很大的變化。這也是為什麼流行性感冒疫苗大多只有中等程度的免疫功效——平均大約有百分之三十至四十的免疫效果，而在狀況比較差的那幾年，則可能只有低於百分之二十的效用。不過狀況好的時候，確實也可能達到超過百分之五十的預防感染率。安也再次提醒我，即便這些數字比例看起來都不太高，但施打流感疫苗依然是相當明智的選擇。疾管中心也認同這樣的說法：接受流行性感冒疫苗注射可大幅降低因感染而住院及死亡的風險。[171]

以雞蛋製備的疫苗可能還有其他問題。安說道：「這當中仍有許多我們不了解的細節。」我們都知道，雞和人類在生理上有些許不同之處，而且這還是比較委婉的說法。病毒為了適應母雞的身體，很可能會發展成無法與人體細胞結合、無致病力的狀態，安告訴我：「病毒的這種特性很酷也很有用。」病毒會因為這種適應的過程而發生改變，對人類的感染力也可能隨之降低。要是待在人體細胞以外的時間太長，某些病毒株也可能會更適應雞蛋中的環境，因而影響到製備出的疫苗效力。關於這種現象也確實有實際例證：二〇一九年的《病毒學雜誌》（*Journal of Virology*）刊載了一篇論文，其中提到實驗人員將支氣管炎病毒在雞蛋裡複製一百次（此實驗還重複了四次）以後，再將最後得到的病毒RNA與原本的病毒相互比較。「實驗結果顯示，連續用病毒感染雞蛋，可能會使病毒產生難以預測的衰變，因此必須發展出合適的應對機制……才能做出更有效的新一代疫苗。」在疫苗研究領域裡，把雞蛋當作生物反應器的時代可能即將過去，對於那些對雞蛋過敏的人來說，這或許是個好消息。但其實醫學界早就有透過細胞培養或基因重組技術製作的疫苗了。172

還有另一種製作疫苗的全新方式日漸受到矚目。近年來，合成DNA以及mRNA所需的花費因為科學技術進步而大幅下降。想要了解DNA及RNA疫苗是如何運作，我們得先回頭談傳統疫苗發揮作用的方式。基本上，疫苗就是要以不危害健康的方式提醒身體啟動免疫系統，經過提醒後，免疫系統會開始準備面對特定病毒入侵時要發動的防禦。傳統上，注射疫苗就是往人體裡注射活的、經過弱化或切碎的病毒蛋白（即抗原），藉此激發人體的免疫反應。假如我們把流行性感冒病毒視為一支由許多雷克斯．路瑟[ii]（Lex Luthor）組成的軍隊，那麼流感疫苗就是經過弱化的雷克斯．路瑟大軍——就假設那是雷克斯．路瑟比較溫和的雙胞胎兄弟泰克斯．路瑟（Tex Luthor）好了，或者也可以說是已經死掉或被冷凍起來的雷克斯．路瑟，又或者只是雷克斯的頭顱或手臂等身體部位。總之，人體會運用這些弱化的雷克斯．路瑟來建立抗體訓練營，打造出能夠擊退外敵的超人大軍。基因疫苗則是以不一樣的方式產生抗體。過去的傳統疫苗會將一大堆雷克斯的頭顱送進人體裡，而基因疫苗卻是把DNA或RNA片段變得像食譜一樣，讓身體可按照這份食譜製作出雷克斯的頭顱。新的科學技術也讓科學家有更多發揮空間，他們能在實驗室中為不同疾病量身打造各種DNA和RNA序列，藉此提高準確度，也可以大大減少疫苗製作的前置準備期。二〇二一年，全球性的Covid-19疫情及疫苗施打就為這種疫苗製備概念的速度、經濟效益、安全性與效力提供了強而有力的證

ii 譯註：雷克斯．路瑟為超級英雄漫畫中的超級反派。

明。[173]

雖然雞蛋對製作疫苗來說已無過去不可取代的重要性，但每顆雞蛋依然是自給自足、自成一個世界的天然無菌實驗室，這種特質對於發明全新藥物來說，仍舊相當重要。一隻隻母雞就像小小的機器一樣，可以輕而易舉把食物變成容易取得的蛋白質及脂肪來源，而這兩者正是製藥產業不可或缺的兩種重要物質。經過特殊設計的蛋白質可以在細胞內達成各種任務，其傳遞訊息的功能尤其重要，也因為這樣，蛋白質設計是製藥業界未來的一大趨勢。我先生是計算生物學家，他告訴我，這些蛋白質的特殊功能可能是製作新藥的關鍵，但設計蛋白質的成本十分高昂，在實驗室裡製備的過程也相當困難。於是科學家開始思考，也許可以想辦法讓母雞直接產下含有藥物的雞蛋，來取代這種昂貴又難以製作的蛋白質？

光聽會覺得這彷彿是科幻小說的情節，然而這已經是當今科學界正在進行的事。科學家運用雞蛋來製造人類單株抗體（human monoclonal antibody），而單株抗體就是源自單一特化細胞的抗體。要真正了解其中的運作機制，就得先稍微認識人體製造抗體的方式。安說這整個過程實在是「神奇又絕妙」。

人體中有大約一百億個B細胞，而這些白血球的表面都有某些受體。各位可以把B細胞想像成一大群主廚，而那些來自人體外的威脅（也就是抗原）則是口味獨特的挑食顧客。每位主廚都有自己專精的一道蛋料理，而且會端出大約十萬份同一道拿手菜。主廚們會在淋巴系統裡為挑剔的顧客端出拿手菜餚，而也因為有這麼多主廚待命，幾乎就保證了每一張挑剔的嘴都會有能滿足其味蕾的主廚，為食客端上精準烹調的合適菜色。

一旦這些抗原咬住誘餌，B細胞會立刻產生驚人的變化——開始快速自我複製，創造出一支有辦法快速上菜的主廚大軍，轉眼間烹調出大量合適的蛋料理（抗體），並充滿整個人體系統。（其中一部分複製出的B細胞會成為記憶細胞〔memory cell〕，它們是持續駐守在身體裡好幾年的料理專家，以防又有抗原突然冒出來。）這些大量製造出的抗體會在特定病毒上的特定位置與之結合，但病毒就像飢腸轆轆的餐廳顧客一樣：一般來說，一個人只有一張嘴，一次吞下的蛋料理有限，然而病毒表面卻布滿了受體，這就表示抗體可以一口氣在病毒上的好幾個位置與之結合。我腦海裡浮現了一個畫面：身上布滿抗體的病毒就像身上沾滿蛋液的餐廳老主顧——不僅在餐廳裡其他人眼中無比醒目，也因為全身滑溜溜的，所以什麼事也沒辦法做。病毒一旦變成這種狀態，就很難與宿主細胞結合了，而且與病毒表面結合的抗體也會讓這些病毒在免疫系統的清潔人員眼中無所遁形——所謂的清潔人員就是巨噬細胞（macrophage），它們會吞噬並消滅病毒。多株抗體反應（polyclonal antibody response）——也就是最常見的免疫反應——是由許多B細胞同時產生的結果。單株抗體則正好相反，僅來自於一個特定的B細胞，且通常是實驗室所製造出的抗體；科學家會按照這些大廚（B細胞）烹調特定蛋料理的獨門能力，精準挑出適合的B細胞。[174]

單株抗體療法會短暫提升人體對於特定疾病的免疫力，同時產生被動免疫。疫苗的作用在於引發人體免疫反應，促使人體靠自己製造出抗體，而單株抗體療法是在人體內直接注射所需的抗體——簡單來說就是直接給一個人魚吃，而非教他釣魚。不過也因為在這種機制下，人體並未學會如何製造該種抗體，因此單株抗體療法只有短暫的免疫作用。胎兒能夠獲得天然的抗體療法——假如為母體注射流感病毒，母體就能夠產生出相應的抗體，並且透過胎盤進入胎兒體內，以避免胎兒受到病毒感染。嬰兒也是透過喝母乳獲得抗體。單株抗體療法對那些身體因免疫系統低下而無法辨識病毒或疫苗抗原的人來說，是十分有效的免疫治療方式——例如癌症病患的免疫系統可能會因治療而受損；年長者則因為身體系統的老化、衰退而容易碰上共生病症（comorbidity）；嬰幼兒的免疫系統則可能尚未發育成熟。[175]

單株抗體雖然有效，但製備的過程必須在實驗室裡複製白血球，導致成本居高不下。這時雞蛋就能派上用場了——科學家要借助的是母雞的免疫系統。一隻注射過疫苗的母雞可以將抗體送到蛋黃裡以保護幼雛，而科學家也就能從蛋黃中萃取抗體，用來對抗牙周病、諾羅病毒、流行性感冒、肝炎、輪狀病毒、茲卡病毒、伊波拉病毒，甚至是Covid-19病毒等疾病。[176]

上文所述，還只是蛋黃的用處而已。蛋白有更多驚人的用途。蛋白自古以來一直都會被用作藥物，古希臘人用蛋白來幫助傷口癒合，而根據 *PLoS One* 刊載的一篇文章，某些亞洲國家的人會「將蛋殼膜當成天然繃帶，用於保護燒傷、刀傷的傷口，這種做法已有四百年以上的歷史。」近來有許多研究一一證實了蛋白確實有非常多用途，例如科學家正在研究將蛋白用於治療燙傷的藥膏、促進角膜傷口癒合、製成關節健康補品、提取抗老物質等可能性。不過截至目前為止，在製藥領域最驚人的進展是運用基因轉殖的母雞來製造藥物，聽起來雖然瘋狂，但利用基因轉殖技術，或許真的能讓母雞產下充滿藥物的雞蛋。[177]

故事要從珍妮佛・道德納（Jennifer Doudna）以及艾曼紐埃爾・夏彭蒂耶（Emmanuelle Charpentier）這兩位科學家說起。她們兩人憑藉在二〇一二年發現的CRISPR-

Cas9基因編輯技術，獲得了二〇二〇年的諾貝爾化學獎。大體而言，病毒具有神奇的力量，能夠將新的病毒碼拼接到細胞的DNA裡，藉此讓宿主細胞製造出更多病毒。道德納與夏彭蒂耶想要研究的，就是如何利用病毒的這種力量——假如病毒拼接到細胞裡的不是病毒自己的DNA，而是可以任由科學家選擇呢？道德納與夏彭蒂耶研發出的技術就此開啟全新的可能性。細胞如果複製了錯誤的遺傳密碼便會導致癌症，那麼CRISPR技術是否可以用來將錯誤的遺傳密碼改正，進一步緩解疾病？這個領域內各種應用方式的進展十分快速，例如在我寫作本章的此刻，科學家就有了新的突破——萊伯氏先天性黑矇症（Leber congenital amaurosis）便是源自於DNA中的錯誤所導致的罕見眼疾，如今已發展出新的CRISPR應用方式，讓患者得以重拾一部分的視力。[178]

CRISPR讓原本看似科幻情節的想法成真，而靠基因轉殖母雞產下有治療藥效的蛋白，也不再只是幻想。二〇一五年，美國食品藥物管理局（Food and Drug Administration）核定通過了第一隻基因轉殖母雞及其雞蛋的藥品用途——可用來治療溶酶體酸性脂肪酶缺乏症（lysosomal acid lipase deficiency）；這種罕見遺傳性疾病會導致脂肪大量沉積在各種器官及人體循環系統中。患有這種疾病的嬰兒通常很快就會死去，成人型的溶酶體酸性脂肪酶缺乏症則會造成肝臟問題及各種心血管疾病。科學家運用CRISPR技術，將合成蛋白質（也就是能夠在細胞內分解脂肪的酶）的遺傳序列插入母雞身上的DNA，接著這些經過基因轉殖的母雞就會產下充滿這種酶的蛋白，加以精煉與提純後，就能做出可為患者靜脈注射的藥品Kanuma了。[179]

如今已有愈來愈多全新治療方式出現，在臨床上的運用也是指日可待。二〇一八年，一個由日本及韓國科學家組成的研究團隊也運用基因轉殖母雞產下了具備抗癌抗體的蛋白。隔年，蘇格蘭的羅斯林研究所（Roslin Institute）——其最知名的研究成果是桃莉（Dolly）複製羊——創造出一個基因轉殖雞的品系，每一代基因轉殖母雞產下的蛋裡，都充滿了能夠抗病毒、抗癌、有組織修復作用的免疫刺激蛋白。只要三顆這種雞蛋就能製作出一劑可供臨床使用的針劑，科學家推估這會是經濟實惠的製備方式。同時，日本科學家也在二〇二〇年展開概念驗證的研究，他們創造出含有anti-HER2單株抗體的雞蛋，對於一種極具侵略性而且很常見的乳癌來說，這種物質是抗癌藥物中不可或缺的成分。媒體為這整個靠重新設計動物基因以治療疾病的領域取了個有趣的名字：製藥農業（farmaceuticals）。[180]

把蛋用來製作可以拯救生命的疫苗、藥物當然是件好事，但是這種運用方式卻也有黑暗面。這些療法一問世，會有更多動物的母體面臨一輩子都無法養育後代的命運——牠們身體與生俱來的神奇力量，就此被另一個物種竊取來造福自己。以工業量產的規模來生產、運用這些蛋，其實都是在竊取雌性身體勞動的成果。即便我自己還是會吃雞蛋，而且也萬分期待下一代乳癌療法的出現，但在這一切當中，我還是感受到一股關乎生命存在意義的哀傷。

第十二章　人體裡的蛋

這世界上最普遍、最常見的產卵動物，或許就是幫助篩檢、治療、預防我致命的家族遺傳疾病的最大關鍵。我可不是隨便說說而已。

人類與雞的卵巢其實沒有各位想像的那麼不同。人與雞都有兩個卵巢，不過雞只有其中一邊的卵巢有用——就跟其他多數鳥類一樣，通常都只有左邊那個卵巢有實際功能。牠們的卵子成熟後進入生殖道的方式與人類身體大致相同。濾泡成熟後，就會像迷你鐵球一樣造成卵巢表面破裂，留下人體必須自行修復的小裂口。以人體而言，此時已經排空的濾泡表面就會轉變為黃體，也就是是能夠釋放懷孕所需荷爾蒙的細胞團。

也因為有這些相似之處，母雞便成為科學家常用來研究人類卵巢癌的實驗對象。卵巢的許多部分都可能罹患癌症，例如製造卵子的細胞、卵巢的構成組織、包圍整個卵巢的上皮組織——最後者是目前為止最常見的卵巢癌發生位置，占所有卵巢癌病例的百分之八十五至九十。關於這種現象的其中一種假設認為，上皮組織特別容易產生癌變，是因為每一次排卵都會傷害卵巢表面，而人體為了要修復傷口就會增生細胞。從顯微鏡下看，這個過程就像是有一群施工人員想要修補上皮組織的破洞，而他們有一位求好心切的主管，不斷要求他們修補、修補、再修補——最後就導致細胞失去控制、過度增生，也就形成了癌症。另一種假設則認為，卵巢癌是癌細胞或可能癌變的細胞經由輸卵管移動到卵巢表面所造成；因為卵巢表面有這麼多維修人員在修補裂口，惡性細胞就有大把機會在人體自然修復的過程中搞破壞。無論卵巢癌形成的機制究竟為何，科學研究都已證實，人排卵愈多次，罹患卵巢癌的風險也就愈高。[181]

癌症的根源其實就是細胞DNA。說實在的，癌症的成因不能這麼簡單一言以蔽之，但大體而言可以這麼想像：有一部分的DNA發出指令要細胞自我修復，DNA下達的指令正確無誤時，細胞修復的成效十分理想；然而隨著時間拉長，某些細胞裡的DNA可能發生突變。這些變化有可能源自於環境因素，也可能單純是在細胞複製的過程中出了錯。一個人年紀愈大，細胞自我複製的次數就愈多，也就愈有可能碰上這種細胞複製的錯誤。細胞DNA當中有一些非常重要的片段，其功用是調節細胞分裂，例如其中有某些基因的功能就像車子的油門一樣能加速細胞修復，另外也有些基因像煞車一樣得負責叫停。細胞一突變就可能導致油門卡住，而這時細胞複製會不斷加速，煞車也會因此失效，無法停止細胞複製的過程；當然也可能變得像是同時踩著油門與煞車的情形，導致細胞複製的過程失去控制。這世界上有些人——包括我和我的許多家族成員——體內這些重要的DNA生來就有問題，因此無論細胞複製過程中到底出了什麼錯，一旦達到了臨界質量，突變的DNA就會失去控制，開始不斷發出錯誤的指令，繼而導致細胞增生的過程失控。182

這樣說來，不管是雞或人類都可能罹患卵巢癌。上皮性卵巢癌肇因於排卵傷口產生癌變的這個假設，能夠解釋為什麼服用荷爾蒙避孕藥或是懷孕、哺乳等事件都能降低卵巢癌風險——以上這幾件事都會使人體暫停排卵，也就表示排卵所產生的傷口會變少，卵巢表面必須靠細胞增生修復傷口的次數也隨之減少了。183

假如真是這樣，母雞罹患卵巢癌的風險會高也就理所當然了。在產蛋的高峰期，母雞一天大約會排卵一次，也別忘了牠們還只能用其中一邊的卵巢排卵，與一個月只會排卵一次，且雙側卵巢都能使用的人類相較之下，母雞單邊卵巢的排卵次數實在多上太多。一隻兩、三歲的母雞排卵的次數，就跟已屆更年期的人類女性排卵的總次數差不多，然而雞卻是在短短幾年內單靠一邊的卵巢大量排卵。這樣高頻率排卵確實也對母雞罹患卵巢癌的機率造成巨大影響：一般而言，卵巢功能正常的人類女性一生中罹患卵巢癌的機率為百分之一．三，而母雞的罹癌風險比人類女性高上太多，根據不同資料來源數據會有差異，但平均而言，母雞一生中罹患卵巢癌的機率為將近百分之十至三十五，甚至有些資料計算出的機率高達百分之八十三。[184]

正因為有這些相似之處，母雞才會成為研究卵巢癌等疾病的絕佳實驗樣本。不僅如此，母雞罹患卵巢癌的病程與人類十分接近，而且人類還可以全面控制雞隻的生活，確保產生實驗成果的過程符合研究標準。因此科學家利用母雞做了許多研究，為的是探索避免罹患卵巢癌的各種方式，其中包括注射避孕藥（降低了百分之十五的罹癌率）、讓母雞挨餓（降低了五分之一的罹病率）、在投餵的食物中加入百分之十的亞麻籽（大幅降低三歲半的熟齡母雞罹患卵巢癌的機率與嚴重程度）、維生素D療法（無效果）。我們早就知道，避孕能夠降低女性罹患卵巢癌的機率。不過即便現代社會流行節食瘦身，靠挨餓來降低罹癌率甚至避免罹患卵巢癌，還是不太可能成為大眾能廣泛接受的防癌手段。攝取亞麻籽倒是個有趣的選擇；要人類像實驗中的母雞一樣，攝取占總飲食量百分之十的亞麻籽實在不太可能，不過從針對其他疾病所做的隨機對照實驗可看出，罹患乳癌的女性若每天食用加入二十五克亞麻籽的鬆餅，便能有效控制腫瘤生長，這聽起來倒是前景看好。以這些母雞和多項乳癌實驗研究的結果為基礎，南伊利諾大學（Southern Illinois

University）在二〇一五年針對正處於緩解期的卵巢癌患者啟動了一次小小的臨床實驗，他們讓受試患者每天食用二十公克（也就是幾茶匙）的亞麻籽，但很可惜，實驗後續因為缺乏足夠的受試者，未能取得可用的結果。[185]

此外，也有別的研究在探究母雞卵巢癌及人類多種其他癌症的生物標記，例如醫生定期為我抽血篩檢的CA 125蛋白質。研究人員也運用雞來研究其他已知能控制腫瘤生長的蛋白質，例如表皮生長因子受體（EGFR）、HER2、p53、第一類轉型生長因子（TGF-alpha）；最後這一項是我的生物資訊學家丈夫為了解人類癌症而研究的蛋白質。科學家用雞做研究，從中發現像鱗狀上皮細胞癌抗原（SERPINB3）這種在癌症病程中可能扮演重要角色的蛋白質。在一篇刊載於*PLOS One*的論文裡，研究對象從雞換成了人類患者，而該研究也證明，對那些身上有鱗狀上皮細胞癌抗原的卵巢癌患者來說，某些化療可能無法產生效果。這項研究結果對癌症患者不啻為好消息，畢竟大家都知道化療有多痛苦，所以假如做了化療卻又毫無效果，未免痛苦得太不值得。[186]

母雞罹患卵巢癌的機率很高，而且還被大量用來做科學研究，這讓我有些憐憫母雞的命運。在我的母系家族，大部分家族成員都遺傳到其中一個BRCA1突變基因。人類體內的每一個細胞裡都有一對BRCA1基因——其中之一來自父親，另一個則來自母親。BRCA1基因會在雙股DNA損壞時負責修補，這對細胞來說是相當重要的工作，假如BRCA1修復細胞的時候出了錯，正常的細胞分裂過程就會開始脫序，長久下來，DNA裡錯誤的細胞就會慢慢累積而導致癌變。這世界上有許多人（也包括我）身體裡每一個細胞都遺傳到了複製錯誤的BRCA1基因，也因此這群人罹患乳癌和卵巢癌的機率大大提高了。這種基因導致的極高患病率對我的家族來說可不是什麼好消息：我們一生中罹患乳癌的機率高達百分之五十五至七十二，罹患卵巢癌的機率則與母雞不相上下——高達百分之三十九至四十四，這個數字大約是一般女性的三十倍左右。更令人憂心的是，BRCA1突變基因導致的癌症不僅比一般癌症更具侵略性，也更好發於年輕族群。[187]

癌症為我家族帶來的影響既廣且深，我甚至為此寫了《潘朵拉的DNA》[i]（*Pandora's DNA*）一書。我不打算把整個故事重新再講一遍，簡而言之，我母系家族的癌症史真的非常驚人。光看我祖母那一代好了，三位女性家族成員總共就得了六次癌症（四次乳癌、兩次卵巢癌）——我祖母和她的姊妹都得過這些癌症，其中差異只是次數多寡而已——其中更有兩個人死於癌症。我媽媽則是在三十歲就得了乳癌，而我當時還只是正在學步的幼兒。甚至於科學家在一九九〇年代初發現BRCA1基因這個癥結、為我們家族的苦痛找出問題根源之前，我的許多家族成員早就已因為這顯而易見的家族病史，決定防範未然，提前切除日後極易產生癌變的健康身體部位。在科學家辨識出BRCA1基因後，切除易癌變部位也是醫生會給我們這種人醫學上的正式建議。畢竟只要直接切掉，就沒東西可產生癌變了。於是我在二十八歲的時候選擇切除依然健康的雙側乳房，接著在三十九歲時，也就是寫作本書的此時此刻，決定切除我的卵巢。[188]

失去卵子以後，我不僅對它們了解得更多，搞不好也更愛它們了。一般而言，醫師不會隨便建議患者切除卵巢，況且在四十五歲到來之前就先面對這樣的「改變」，其實也有許多風險。其中就包括憂鬱與焦慮等情緒失調的狀況，且身體形象改變也會衍生某些問題，此外還可能導致性功能障礙、自信降低，同時也提高了認知障礙與失智的風險，而骨質疏鬆、心臟病及代謝症候群亦是可能產生的連帶影響。老實說，切除卵巢增加了全因性死亡率（all-cause mortality）——也就是說，我可能死於癌症以外各式各樣的原因。有項研究就直言不諱表示，對一般人而言，「切除雙側卵巢對於任何年齡層的人來說，都不會提升整體生存率。」然而，我就不是個一般的女人。我體內有極可能導致卵

i 譯註：書名暫譯。

巢癌風險的突變基因。對於像我這樣體內有BRCA1突變基因的人，醫師都會建議在三十五至四十歲之間（或是「生完小孩以後」）就進行切除手術，因為只有手術能避免我們早早就被卵巢癌奪去性命。當初癌症擴散到我姨婆的脊椎導致她半身癱瘓，她的生命在孩子眼前一點一點消逝——對我來說，切除手術總比面對罹癌的下場來得好。[189]

切除這個製造卵子的重要器官確實會有重大影響。卵巢的功能遠不止創造出新生命的可能性。這個器官同時還能以上千種科學家仍無法全然了解的方式調節新陳代謝。我們都知道，卵巢會釋放三種雌激素與黃體素，也就是能控制生育力與新陳代謝的荷爾蒙，對於像肝臟、心臟、骨頭、大腦與其他各個人體器官也有多重影響。一般女性在歷經更年期時，荷爾蒙會在幾年之間逐步下降——大約會持續十至十四年不等——降至某個階段後，卵巢依然會持續釋放極少量的荷爾蒙，這是抵禦更年期衝擊的最後一點點緩衝。倘若是靠手術直接切除卵巢，這個荷爾蒙消退的歷時長度卻只有幾個鐘頭——幾個鐘頭！——不像一般女性有十年左右的時間慢慢適應。因此，若不開始進行荷爾蒙補充治療法（hormone replacement），患者體內的雌激素與黃體素濃度就會陡降。在這些切除卵巢可能造成的影響當中，我最害怕自己像白雪公主那樣沉沉睡去（好啦，應該算是中年發福版的白雪公主），而一覺醒來就成了巫婆。[190]

各位讀者，我最害怕的事情發生了。

正如預期，我真的變胖了，原本沙漏狀的身材不見了，整個人像吹氣球一樣膨脹起來。除了一般常見的副作用以外，我突然到來的更年期還留了其他驚喜給我。雌激素會幫忙調控人類內耳中碳酸鈣結晶（也就是耳石）的位置，這些碳酸鈣結晶如果鬆動、脫落，就會影響到平衡感；我在切除卵巢後好幾個月都有嚴重的暈眩症狀，直到找物理治療師調整好幾次以後才恢復正常。這些荷爾蒙波動對我的影響之大，簡直就像重新經歷一次青春期的所有不適一樣。有一陣子我的胃口變得十分驚人，和青少年不相上下，臉上的青春痘冒都冒不完，與此同時我的新陳代謝卻又像六十歲的婦女一樣緩慢。這些顯然是雌激素與下視丘交互作用下的影響，我的身體調節飽足感與脂肪分布的能力因此產生變化。而這可能也是手術更年期會提高心血管疾病及代謝症候群風險的主要原因，同時還解釋了為什麼我在手術後會強烈渴望攝取糖分，第一次驗血又驗出了高濃度的膽固醇。[191]

從手術當天就開始接受荷爾蒙補充療法對我確實有幫助，但藥物劑量要調整到剛剛好卻不那麼容易。我在聖誕節那天早上安排慶祝活動時，就歷經了人生第一次的熱潮紅（hot flash）。壓力顯然會降低體內的雌激素含量，導致更年期症狀更加嚴重。我開始覺得自己就像個有毒癮的人，不斷渴望得到更多雌激素讓身體吸收。貼完第一週的雌激素貼片以後，貼片的黏膠讓我的皮膚起了輕微的疹子，於是我請醫生幫我想想辦法。我的更年期專科醫師認為起疹子的影響不大，但是在我的央求下，他還是幫我換成了面積比較小、又只需要兩週貼一次的雌激素貼片。我每隔三天就要歷經一輪雌激素水平各為高、中、低的不同階段，這三種情形分別會導致我陷入噁心想吐、歡快愉悅、躺在地上憂鬱流淚的不同狀態。我的頭髮開始大把大把脫落，嚴重到有一天我先生走進浴室，剛好看到我手裡握著落髮，他對我說：「哎呀，這讓我想到我剛開始禿頭的時候。」然後他給了我一個大大的擁抱。[192]

切除卵巢對於我的精神狀態也有劇烈衝擊。我身上的各種問題其實就是大部分歷經更年期的婦女都會面臨的現象，但要在大腦重新自我調整的過程中仔細思考這些事很不容易。目前受到影響最大的，就是我的情緒。我過去一直覺得自己是冷靜自持的人，也總是引以為傲，而如今我卻被憤怒的情緒淹沒，彷彿過去逼自己吞下的每一點羞辱、曾忽略掉的每一次自我懷疑、經歷過的每一場惱人挫敗，統統都重新湧上心頭。我原以為自己克服了那些怒氣，然而到這時才發現，原來這些憤恨全都像一堆黃金一樣被埋藏在內心深處，一直以來都由雌激素這條龍靜靜鎮守。現在只要一點點刺激，就會使我內心的怒氣噴湧而出，巨大的憤怒就像急於尋找出口的滾燙岩漿一樣可怕。二〇二一年的《紐約時報》（*New York Times*）刊載了一篇標題為〈當你的家庭陷入荷爾蒙風暴〉（When Your Home Is a Hormonal Hellscape）的文章，談的是在停經前後養育青少年所面臨的考驗。我一邊苦笑，還一邊心想：「要不要看看在手術更年期的時候，家裡還養著一個三歲小孩？」我很努力克制不對孩子吼叫，但結果有好有壞；對於如何應對迎面而來的憤怒，並且用適當方式疏導怒氣，我真的完全是新手，於是只好找治療師幫助我度過難關。[193]

雖然我最終把荷爾蒙調整到穩定的水平，卻還是很不習慣更年期前後應該維持的那種生活模式，然而我的專科醫師說：你的身體已和過去再也不同了。因此若想安然度過這段手術更年期，最好乖乖聽從專家提出的所有養生建議，就算覺得很難實踐，也最好加倍執行（用藥之外，這一點最惱人）。所以這就表示，再也不能喝酒狂歡到三更半夜了。此外，我還得練舉重，對現在的我來說，靠舉重追求火辣身材根本就是做白日夢，至少在我身上不可能發生，我得舉重是因為這樣才能減重並延緩骨質疏鬆。一切的努力是為了盡可能阻止身體日漸敗壞。只有真正的老太婆才會成熟到乖乖吃蔬菜，又天天滴酒不沾、清醒著老早上床睡覺吧。[194]

我決定要擁抱這個搖身一變成為老太婆的人生，開始享受養老生活。我每天早餐都吃富含纖維質的麥片，身上穿著寬大花俏的連身洋裝，配戴又大又醒目的首飾，同時還拿出我他媽堅強勇敢的態度。至少我是一直這麼對自己說的。

每次想起我被切除的卵巢與消失無蹤的卵子，我就忍不住聯想到母雞，以及整個人類社會對待牠們的方式——牠們被視為生產雞蛋的機器而不是活生生的獨立個體。在我孕期的最後階段，醫生開始忽略我到底舒不舒服，所以那時候我也總是有這種不被當人看的感覺。我對婦產科醫師說我的骨盆總是會有突如其來的刺痛感，她卻回答：「哦，那很好啊。這代表妳的骨盆已經打開，準備迎接生產了。」默默忍耐痛苦大概就是這世上最專屬於女性的事了吧。我說的就是：哪怕腳踝和阿基里斯腱痛得要死，還是得穿上高跟鞋的隱忍；那些不得不默默藏起來的經血痕跡；那些為了美觀要忍痛除去的毛髮；還有生產時即便下體被寶寶的頭狠狠撕裂，卻還是聽到護理師要你別尖叫、把力氣留下來的時刻。

在母雞用來製造卵子的主要卵巢失去功能時，或在身體停止分泌雌激素後，有些個體的性別會改變，醫學文獻將這種轉變稱為「自發性反轉」（spontaneous sex reversal）。

而這些母雞也會隨之長出肉垂與雞冠，不僅站得更直更挺，還會像公雞一般啼叫。母雞右側卵巢有時甚至會轉變為具備睪丸的功能而開始產生精子。換言之，這隻雞的細胞DNA依然是母雞的DNA，但性表現方面卻已變成了公雞。[ii][195]

這讓我想到了身兼記者、作家，且同時也有BRCA突變基因的瑪莎．葛森（Masha Gessen）。葛森也和我一樣切除了雙側乳房及卵巢，但我們身上的突變基因不同，我是在BRCA1基因產生突變，葛森則是BRCA2基因突變，也因此我們受到了類似、又不完全相同的影響。葛森為此寫了《血緣》[iii]（*Blood Matters*）一書，當初我便是手不釋卷讀著這本書，一邊認真考慮是否要切除身上可能癌變的部位。葛森在二〇一九年的某次訪談中說道，

---

ii 雞的性別轉換實在太有趣了。公雞在睪丸受傷以後也可能會開始產生母雞的性徵，甚至還會開始下蛋。這些蛋就像性別轉換為公雞的母雞所產生的精子一樣，但究竟是否有受精能力則還不清楚。在雞的身上有時也能看到雌雄同體的現象，也就是身體分為兩截，一邊是一種性別的樣態，其中一側長得像公雞，另一側則是母雞的樣子。這種雌雄同體的現象在雞身上呈現的可能是左右為不同性別，或是前後不同性別；甚至也可能全身出現交雜的性別特徵——在這些雞身上，母雞與公雞的細胞混雜交錯。

iii 譯註：書名暫譯。

老實說，荷爾蒙替代治療法對我來說就像一個全新的開始。我起初是先補充女性荷爾蒙——也就是雌激素——不過也不能概括而論稱之為女性荷爾蒙，畢竟大家應該都知道，不管是男性還是女性身上都同時會有雌激素與睪固酮的存在，只是比例不盡相同。但這個療程令我非常不舒服，使用雌激素以後產生的感受對我來說太痛苦了，所以我想：「該死的，乾脆直接換個方式吧。」於是我轉而開始使用睪固酮。與雌激素造成的感受相較之下，睪固酮對我來說實在是好多了。我只用了非常非常低的劑量，但那依然使我轉變為非二元性別的狀態。如今對我來說，生理上的舒適才是第一要務，性別已經不是首要考量了。

葛森切除卵巢與子宮的手術激起了荷爾蒙變化，也進而帶來性別身分認同上的轉變。我有時候也會思考這件事對我的意義，因為荷爾蒙及身體上的劇烈變化確實也影響了我自身對性別的感受。[196]

曾是年輕女性的我當時在社會上很容易被低估，這件事總是令我惱火。我希望這個社會可以看見我真正的能力，而不是直接替我貼上「年輕女性」的標籤來看待。過去有一陣子我常常說，我首先是人，然後才是女人。我在二十幾將近三十歲時切除了雙側乳房，也因此開始對自己的女性身分感到焦慮。一方面，乳房並不能用來定義女人的性別身分，然而這個器官卻在美國社會大肆宣揚之下與女性緊密連結——所以我的腫瘤科醫師與整形外科醫師才會在乳房切除術後，用矽膠填充物替代我原來的乳房。切除了雙乳的我，現在又是誰？為了緩解我內心的焦慮，我做了各種精緻的美容療程，還參加了北歐體驗設計師舉辦的感官刺激派對，這些經驗確實留給我美好回憶。我本來從沒想過自己能活過三十歲，所以走到了這一步，我不知道該拿接下來的健康人生怎麼辦才好，這一切令我感到陌生。然而即使是再多的身體保養，還是花再多的時間投入藝術工作，都無法填補我內心的空洞。我感覺自己失去了目標，還陷入很深的憂鬱，這個情況一直延續到生下兒子以後（我心知肚明，他會是我唯一的孩子）。

但在失去了雙側卵巢後，我感覺自己好像突然又變回了以前的那個我：我首先是個人，然後才是女人。也許一直以來，我的性別認同其實就是「老太婆」。

生不出蛋的老母雞要不是被送去屠宰場做成雞湯或寵物飼料，就是直接被安樂死、往土裡一埋了事。我發現這就跟美國社會面對更年期婦女的方式相互呼應，身兼婦產科醫師及作家的珍．甘特（Jen Gunter）在刊載於《紐約時報》的文章裡表示，我們的社會把更年期視為「對死亡的預示，從女人變為老太婆就代表手裡拿著一張已經剪了票的單程火車票。」不管是歷經哪一種型態的更年期，一定都會有需要摸索的時刻——我忍不住想起中學時代那位在學生餐廳裡播放嚇人的衛教影片的健康教育老師——不過除此之外，當然也有好處，只要一到更年期就再也不用處理經血、擔心懷孕，也不用再受懷孕生子之苦了。[197]

雞就和這世界上大多數的動物一樣，牠們的生命歷程中沒有更年期這回事，不過雞確實會在大約五歲左右的時候「停止產卵」（henopause）[iv]。進入這個時期母雞下蛋的時間間隔要不是變得極長，就是完全不再產卵。不過如果雞隻有得到良好照顧，就算進入此階段也依然可能再活十年以上。儘管歷經停止產卵的生命階段使牠們成為不再有產能的「老母雞」，但這段時間對牠們來說，不像人類的更年期會對新陳代謝帶來影響。大自然中，只有三種鯨魚或虎鯨是和人類一樣有更年期的哺乳類動物（虎鯨又名殺人鯨，但牠們其實是海豚的一種），其壽命可達九十歲，大約是在四十歲左右進入更年期。那些更年期虎鯨會邁向所屬群體錯綜複雜的社會階級的頂端，生物學家提出了祖母假說（grandmother hypothesis）來說明此現象。根據一篇在《美國國家科學院院刊》（*Proceedings of the National Academy of Sciences*）發表的文章指出，「因為已經停止生殖，祖母輩的動物不會為了繁衍而與女兒輩產生衝突，這樣對於家族的孫子輩來說也大有好處。」而這些好處在資源稀缺時尤其明顯。至於人類，演化生物學家認為更年期對人類後代來說也大有益處，母親輩不大可能死於生產過程，祖母輩更時常能扮演照顧與支持孫兒的角色。這樣看來，更年期根本不是預示死亡的生命歷程，而是如甘特醫師二〇二一年對加拿大廣播公司（Canadian Broadcasting Corporation）所表示：「更年期是女性力量的象徵。女性把生命活出不囿於僅負責製造卵子的格局，而其他動物卻沒有，從這一點便可看出女性蘊含的力量。」[198]

如今的我體內已經一顆卵子也沒有了，這表示我不必再背負承載其他生命的責任，也徹底擺脫了避孕的需求，不用再面對褲子上的經血，也無需擔心某些西裝革履的男性制定的法律會逼我生下我不想生的孩子。我再也不必為這副女性身體誕育生命的可能性服務，這確實也是一種改變。不過真正諷刺的是，正是這項轉變讓我更看清真實的自我，畢竟我身處的社會通常才不會注意到正值更年期的女性。不過我媽媽倒是很享受這種彷彿隱形人般的狀態，因為這樣一來，她就能穿著做園藝的服裝且脂粉未施，直接外出採買日常生活用品，絲毫不會被其他人注意到。但我現在還沒達到那樣的境界——我

iv 譯註：此字為結合了hen（母雞）與menopause（更年期）的合體字，意指動物停止產卵的生命階段。

還是想被看見、聽見，有時候甚至也想讓世人見證我的痛苦。

我雖然想念我的卵子（特別是它們對新陳代謝發揮的影響），但也意識到自己其實正抱著渴望的心情，期待下一次的人生轉變。我希望得到更多人生智慧，並且繼續像初為人母時那樣，因為一件事而改變看待世界的角度，擺脫自我中心的眼界，用更寬廣、知足的心態為我的孩子感到快樂，為我人生中形形色色、來來去去的人感到喜悅。我雖然失去了卵巢，但卻開始能用更客觀的距離與角度，看待當初那些充滿馬丁尼、日復一日的狂歡時光。對現在的我來說，那一切已經是我能愉快回想的美好回憶了。我不再急著安排下一次更有趣、更刺激的冒險旅程，而這之於我不啻為一種自由。我很高興自己還活著。切除雙側乳房讓我躲過了死亡的第一次攻擊，所以我順利擺脫家族的厄運、活過了三十歲。在那之後十年我又切除了卵巢，九十八歲的祖父用一張卡片恭喜我，上面寫著：「聽說你狠狠戰勝了卵巢癌。」感謝我聰慧的母親與祖母，多虧有她們悉心深入了解我們家族的遺傳疾病，才有今天的我；而這就是我該感謝祖母假說的地方了，卵巢癌應該想都沒想過會這樣被人類打敗吧。就這樣，我又挺過了死亡的第二波攻擊，擺脫了糾纏我家族那有如惡夢般的卵巢癌風險。從某種層面來說，我覺得自己好像重生了，就和我當初切除乳房時一樣。這彷彿已經是我面對過的第二次來生，而這一次，我再也不必面對外科醫師的手術刀，再也不用經歷懷孕、生產，只要好好愛我的丈夫、孩子，以及做我想做的藝術創作就好。地面上散落著雞蛋，而我舞動身軀，安然度過每一個障礙，我在自己原本的命運裡找到漏洞，順利地逃出生天。在生命安全無虞的這一邊，寬鬆又舒服的衣服和各式五花八門的煎蛋平底鍋靜靜在那兒等著我。我已經想好了，我的下一件參與式作品一定要有舞蹈、木槌和一堆生雞蛋這些元素。

謝詞

每一本書的誕生都需要眾志才能夠成城，感謝每一個在這條路上支持我的人。衷心感謝我最認真、努力的經紀人珍・迪斯朵（Jane Dystel），感謝你給了我寫作這本書的靈感。感謝我的編輯艾米・切利（Amy Cherry），伴我度過了腦震盪、手術更年期以及全球疫情，有你的細心編輯才能成就本書。

感謝W. W.諾頓公司（W. W. Norton）的工作團隊——超優秀的編輯助理胡尼雅・西迪基（Huneeya Siddiqui）、做事超仔細的文字編輯派特・衛蘭德（Pat Wieland），當然也感謝行銷與公關團隊一路的辛勞。

感謝克里斯多夫・梅雷（Christopher Mele）和凱爾西・庫達克（Kelsey Kudak）為本書做事實查核，確保所有內容資訊正確無誤；我衷心感謝他們的付出，倘若尚有任何遺漏是我個人的失誤。同時感謝派特・弗爾（Pat Pholl）為我取得各種許可。

除此之外，我也要感謝所有願意與我進行訪談的受訪者。無論本書是否提及各位，您的見解都是成就本書所不可或缺的珍貴材料。感謝肯・阿爾巴拉、安・瑪麗・安德森、約翰・貝茲（John Bates）、里奇・波領（Rich Boling）、史提芬・多帝、馬克・杜瑟、馬蒂・芬特、保羅・弗里德曼、珍妮佛・格里森（Jennifer Gleason）、克里斯・雷希（Chris Leahy）、傑・健治・羅培茲－奧特、雅克・貝潘、唐娜・皮爾斯（Donna Pierce）、亞曼達・拉烏斯（Amanda Rawls）、亞倫・羅克、黛比・史密斯、馬克・湯瑪斯、理查・湯瑪斯（Richard Thomas）、傑瑞邁亞・特林博、約翰・魏林格、吉姆・威爾森（Jim Wilson）。本書中有許多內容都仰賴與各路專家的電子郵件往來，在此感謝喬登・賓、克莉絲汀・索勒、瑪莉・V. 湯普森（Mary V. Thompson）、卡洛琳・C. 楊，謝謝你們分別為我提供了關於太空、女巫、瑪莎・華盛頓（Martha Washington），以及蛋的種種重要資訊。感謝本書所引用書籍的各位作者，能站在巨人的肩膀上寫出本書，我萬分榮幸。

我對於圖書館員總是有種特別的情感；感謝范登堡大學醫學史收藏館（the History of Medicine Collections）與圖書館的管理者寄來許多關於愛麗絲・伍德勒夫的珍貴文件與資料給我。感謝馬林郡自由圖書館（Marin County Free Library）的伊娃・派特森（Eva Patterson）、泰瑞莎・史奈德（Teressa Snyder）與丹・麥馬宏（Dan McMahon），謝謝你們在疫情爆發之際還願意為一位名不見經傳的作者掃描關於法拉隆淘蛋客的資料。

若沒有我的佛里德曼寫作小組的悉心閱讀、鼓勵與意見回饋，這本書絕對無法順利問世——愛麗絲・史巴伯格・阿利克西烏（Alice Sparberg Alexiou）、強納森・英格勒特（Johnathan Englert）、狄娜・漢普頓（Dina Hampton）、伊莉莎白・卡戴斯基（Elizabeth Kadetsky）、克利斯・倫巴蒂（Chris Lombardi）、凱倫・品欽（Karen Pinchin）、瓊・齊格里（Joan Quigley）、葛瑞絲・威廉斯（Grace Williams），我的作品和人生因為有你們的參與而豐富。感謝我的寫作導師理查・奈許（Richard Nash）給予我的所有真知灼見，感謝有你在世界一團混亂的時刻，為我指引正確方向。

感謝那些建議我故事可以怎麼修改、與我分享食譜、在我時不時冒出關於蛋的各種疑問也不吝回答我的好朋友、好夥伴：多德・阿札爾（Daud Alzayer）、阿提胥・巴堤雅（Aatish Bhatia）、惠特尼・巴爾川（Whitney Beltrán）、莎拉・波曼（Sarah Bowman）、弗克斯・哈瑞爾（Fox Harrell）、多明妮卡・寇娃柯瓦（Dominika Kovacova）、孟碩（Shuo Meng）（音譯）、馬可斯・孟托拉（Markus Montola）、傑森・莫寧斯塔（Jason Morningstar）、艾力克斯・羅伯茲（Alex Roberts）、沈智恩、約翰・史塔弗波羅斯（John Stavropoulos），以及眾多在社群媒體上的好朋友——實在有太多值得感謝的人，只是礙於篇幅無法於此處一一列出，但讀到這裡，你一定明白我的衷心感謝！——賦予我寫作靈感、參加過我的蛋料理交流早餐會的所有人，謝謝你們！

感謝我的寫作夥伴、歐姆蛋夥伴、各路好友，以及遠距工作的「同事」，你們總是用心鼓勵我、為我加油打氣、幫忙檢驗我的想法，甚至還義不容辭幫我試讀文章：凱莉安·普萊徹·亞當斯（Kellian Pletcher Adams）、麗莎·碧雅吉歐蒂（Lisa Biagiotti）、奇普·齊克（Chip Cheek）、茱莉雅·亨德森（Julia Henderson）、凱薩琳·亨特（Katherine Hunt）、凱瑟琳·海姆斯（Kathryn Hymes）、瓊·庫格（Jon Kruger）、J. 李（J. Li）、約翰·麥克曼努斯（John McManus）、莎拉·邁爾斯（Sarah Miles）、丹尼·米塔羅騰多（Danny Mitarotondo）、傑森·莫寧斯塔、卡羅·墨菲（Caro Murphy）、陶德·派瑞（Todd Perry）、艾力克斯·羅伯茲、珍奈爾·席姆斯（Janell Sims）、詹姆斯·史都華（James Stuart）、阿維托·恩加（Avital Ungar）、厄本·維特（Urban Waite）、夏儂·瓦德（Shannon Ward）、傑瑞·威廉斯（Jerry Williams）、莎拉·威廉斯（Sara Williamson），感謝有你們。

另外還要特別感謝在我寫作的過程中，幫忙我照顧家庭的每一個人。馬克羅尼·索沙（Marconi Sousa），感謝你的辛勞付出。感謝我的公婆——大衛·洛克（David

Locke）、凱斯琳・里德（Cathleen Read），謝謝你們在疫情期間擔負起照顧我兒子的重責，一路上也總是全心全意支持我。感謝我的父母親——狄克・史塔克（Dick Stark）與葛瑞琴・史塔克（Gretchen Stark），感謝你們在每一次青黃不接的時刻做我的完美後盾，幫忙我照顧孩子；謝謝你們在我心中種下對於知識的熱愛，讓我有踏入廚房的熱情，也很感謝那一次又一次的雞蛋實驗為我帶來的幫助。謝謝給予我愛與支持的人生伴侶喬治・洛克（George Locke），我總是滔滔不絕說著關於蛋的一切，你不僅包容我，也心甘情願吃掉了無數實驗品。也謝謝羅格（Rog）來到我的生命中，成為我永遠的快樂泉源。

某天早晨，我坐在電腦前開始寫作本書，結果發現有一隻活生生的麻雀就這麼站在電腦螢幕上。我猜牠應該是從書房窗型冷氣的縫隙鑽進了我們家裡，然後把稻草叼到掛在天花板的燈具裡築巢。牠的鳥糞從天而降，直接擊中了我的電腦和旁邊的紙張——我寫的是一本關於蛋的書，而這是來自蛋的主人的小小「祝福」。後來牠突然在一瞬間——一個令人驚恐的時刻——朝我的頭頂俯衝，接著我老公就用毯子把牠裹起來送出窗外了。那麼在這本書的最後，我要為大自然裡所有的雌鳥獻上我誠摯的敬意，我們實在應該加倍感謝這些生命的辛勞。

附註

1. Pia Lim-Castillo, "Eggs in Philippine Church Architecture and Its Cuisine," in *Eggs in Cookery: Proceedings of the Oxford Symposium of Food and Cookery 2006* (Devon, UK: Prospect, 2007), 114–124.
2. Merry Sleigh, "Ovum," in *Encyclopedia of Child Behavior and Development*, ed. S. Goldstein and J. A. Naglieri (Boston: Springer, 2011), 1050–1051, doi: 10.1007/978-0-387-79061-9_2063.
3. Paul R. Ehrlich, David S. Dobkin, and Darryl Wheye, "Eggs and Their Evolution," Stanford University, 1988, accessed March 17, 2022, https:// web.stanford.edu/group/stanfordbirds/text/essays/Eggs.html.
4. Alie Ward, "Oology with Dr. John Bates," *Ologies*, podcast audio,August 13, 2018, https://www.alieward.com/ologies/oology.
5. Tim Birkhead, *The Most Perfect Thing: Inside (and Outside) a Bird's Egg* (New York: Bloomsbury, 2016), 171–177; Florence Baron et al., "Egg-White Proteins Have a Minor Impact on the Bactericidal Action of Egg White toward *Salmonella* Enteridis at 45C," *Frontiers in Microbiology* 11 (October 2020), doi: 10.3389/fmicb.2020.584986; Yoshinobu Ichikawa et al., "Sperm-Egg Interaction during Fertilization in Birds," *Journal of Poultry Science* 53, no. 3 (July 2016), doi: 10.2141/ jpsa.0150183; Tomohiro Sansanami et al., "Sperm Storage in the Female Reproductive Tract in Birds," *Journal of Reproduction and Develop- ment* 59, no. 4 (August/September 2013), doi:10.1262/ jrd.2013-038.
6. Birkhead, *Most Perfect Thing*, 121–146.
7. Birkhead, *Most Perfect Thing*, 90.

8. *Kalevala*, vol. 1, trans. John Martin Crawford (Cincinnati: Robert Clark, 1888), 9, publicdomainreview.org/collection/Kalevala.
9. *Kalevala,* 5–18; Barbara C. Sproul, *Primal Myths: Creation Myths around the World* (New York: HarperOne, 1979), 176–178.
10. David Leeming, with Margaret Leeming, *A Dictionary of Creation Myths* (New York: Oxford University Press, 1994), 73.
11. Sproul, *Primal Myths,* 349–350.
12. Malayna Evans Williams, *Signs of Creation: Sex, Gender, Categories, Religion and the Body in Ancient Egypt*, PhD diss., University of Chicago, 2011, 128–153.
13. Andrew Lawler, *Why Did the Chicken Cross the World: The Epic Saga of the Bird That Powers Civilization* (New York: Atria Paperback, 2016), 188.
14. "Punic Wars," *Encyclopedia Britannica*, accessed November 20, 2021, Britannica.com/event/punic-wars; *Scholia Bobiensia*, trans. T. Stangl (1912), accessed November 22, 2021, attalus.org/translate/bobiensia.html.
15. Françoise Dunand and Christiane Zivie-Coche, *Gods and Men in Egypt:3000 BCE to 395 CE*, trans. David Lorton (Ithaca, NY: Cornell Univer- sity Press, 2004), 9; Williams, "Signs of Creation," 209.
16. John Hale, *A Modest Enquiry, into the Nature of Witchcraft* (Boston: B. Green, 1702; Ann Arbor, MI: Evans Early American Imprint Collection, 2021), https://quod.lib.umich.edu/e/evans/N00872.0001.001/1:5.14?rgn=div2;view=fulltext, 132.
17. Kristen Sollée, email correspondence, September 26, 2020; Paloma Cervantes, "What Is a Limpia (Spiritual Cleansing)?" Institute of Shamanism and Curanderismo, accessed November 22, 2021, https://www.instituteofshamanismandcuranderismo.com/What-Is-A-Limpia-Spiritual-Cleansing/; Alex Swerdloff, "Cleanse Your Aura with the Power of Eggs," *Vice*, last modified October 28, 2016, https://www.vice.com/en/

article/wnbxnn/cleanse-your-aura-with-the-power-of-eggs.

18. Lisa Stardust, "The Future Is Now: Manifesting with the Gemini New Moon," Hoodwitch, accessed November 22, 2021, https://www.thehoodwitch.com/blog/2019/6/2/the-future-is-now-manifesting-with-the-gemini-new-moon.
19. Alan Rocke, phone interview, October 12, 2020.
20. Jordan Bimm, email correspondence, January 2020.
21. Hannah Ritchie and Max Roser, "Biodiversity and Wildlife," Our World in Data, accessed November 22, 2021, https://ourworldindata.org/biodiversity-and-wildlife#how-many-species-are-there; Gifford Miller, John Magee, Mike Smith, et al. "Human Predation Contributed to the Extinction of the Australian Megafaunal Bird *Genyornis newtoni*~47 ka," *Nature Communications* 7 (January 29, 2016), https://www.nature.com/articles/ncomms10496. The fact that eggs are generally safe to eat is only true of animal eggs. 一般而言，這世界上大多都能安全享用的其實僅限於動物的蛋。大家都知道，許多蔬菜與香草其實都有蛋一也就是植物的種子一但植物界中有毒的種子實在比動物界中有毒的蛋多太多了。所以各位，千萬別亂吃植物的種子！
22. William J. Stadelman, "II.G.7/Chicken Eggs," in *The Cambridge World History of Food,* ed. Kenneth F. Kiple and Kriemhild Coneé Ornelas (Cambridge: Cambridge University Press, 2000), 500.
23. Makiko Itoh, "The Raw Appeal of Eggs," *Japan Times*, September 16, 2014, https://www.japantimes.co.jp/life/2014/09/16/food/raw-appeal-eggs/; Naomichi Ishige, "V.B.4/Japan," in *Cambridge World History of Food*, 1176; Ishige, "Eggs and the Japanese," in *Eggs in Cookery: Proceedings of the Oxford Symposium on Food and Cookery 2006,* ed. Richard Hosking (Devon, UK: Prospect, 2007), 100–106.
24. Susan Weingarten, "Eggs in the Talmud," in *Eggs in Cookery,* 273.
25. Sephardi Kitchen, "Huevos Haminados (Sephardic Jewish-Style Eggs)," Food.com, accessed November 24, 2021, https://www.food.

com/recipe/ huevos-haminados-sephardic-jewish-style-eggs-317802.

26. Kenneth Albala, "Ovophilia in Renaissance Cuisine," in *Eggs in Cookery*, 13; Kenneth Albala, "V.C.2/Southern Europe," in *Cambridge World His- tory of Food*, 1204–1205; Natasha Frost, "How Medieval Chefs Tackled Meat-Free Days," Atlas Obscura, July 27, 2017, https://www.atlasobscura. c om /a r t ic l e s /mo c k - m e d i e va l - fo o d s #: ~ : t ex t = C h r ist ia n s%2 0 observed%20at%20least%20three,to%20 commemorate%20the%20 Virgin%20Mary.

27. Barbara Mearns and Richard Mearns, *The Bird Collectors* (San Diego: Academic, 1998), 205–207; Mark Barrow, *A Passion for Birds: American Ornithology after Audubon* (Princeton, NJ: Princeton University Press, 1998), 41.

28. Michael Anft, "This Is Your Brain on Art," *Johns Hopkins Magazine*, March 6, 2010, https://magazine.jhu.edu/2010/03/06/this-is-your-brain-on-art/; Oshin Vartanian, Anjan Chatterjee, Lars Brorson Fich, et al., "Impact of Contour on Aesthetic Judgments and Approach-Avoidance Decisions in Architecture," *Proceedings of the National Academy of Sciences* 110 (Suppl. 2) (June 18, 2013), https://doi.org/10.1073/pnas.1301227110.

29. Mearns and Mearns, *Bird Collectors*, 40–42.

30. Charles Bendire, "Circular No. 30, Appendix: A List of Birds the Eggs of Which Are Wanted to Complete the Series in the National Museum, with Instructions for Collecting Eggs," *Proceedings of the United States National Museum* 7 (1884): 613–616.

31. Sara Wheeler, "The Nice Man Cometh," *Guardian*, November 4, 2001, https://www.theguardian.com/books/2001/nov/04/biography.features1.

32. David Crane, *Scott of the Antarctic: A Life of Courage and Tragedy* (New York: Knopf, 2006), 371; Joy McCann, "Penguins Were a Lonely Explorer's Best Friends," *Atlantic,* April 3, 2019, https://www.theatlantic.com/science/archive/2019/04/penguins-southern-ocean-

explorers-best-friend/586189/.

33. Crane, *Scott of the Antarctic*, 447.
34. Apsley Cherry-Garrard, *The Worst Journey in the World: Antarctic 1910–1913* (New York: George H. Doran, 1922), 233–237, 242, accessed November 23, 2021, https://archive.org/details/worstjourneyinwo01cher/ page/n9/mode/2up; Sir Ranulph Fiennes, *Race to the Pole: Tragedy, Her- oism, and Scott's Antarctic Quest* (New York: Hyperion, 2004), 233.
35. Fiennes, *Race to the Pole,* 236.
36. Robert Falcon Scott, *Scott's Last Expedition (Classics of World Literature)* (London: Wordsworth Editions, 2012), 257, Kindle.
37. Cherry-Garrard, *Worst Journey in the World*, 299; Robin McKie, "How a Heroic Hunt for Penguin Eggs Became 'The Worst Journey in the World,' " *Guardian,* January 14, 2012, https://www.theguardian.com/uk/2012/jan/14/penguin-eggs-worst-journey-world.
38. Tim Birkhead, *The Most Perfect Thing: Inside (and Outside) a Bird's Egg* (New York: Bloomsbury, 2016), 13–15.
39. Joseph J. Hickey and Daniel W. Anderson, "Chlorinated Hydrocarbons and Eggshell Changes in Raptorial and Fish-Eating Birds," *Science* 162, no. 3850 (1968): 271–273, http://www.jstor.org/stable/1725067; John Bates, "Eggshells, DDT, Collections, and Study Design," Field Museum, Chicago, last modified May 30, 2018, https://www.fieldmuseum.org/ blog/eggshells-ddt-collections-and-study-design.
40. "Bird Egg and Nest Collections," Natural History Museum, London, https://www.nhm.ac.uk/our-science/collections/zoology-collections/bird-egg-and-nest-collections.html; J. P. Pickard, "The Egg Man Cometh," *No. 5 Regional Crime Squad, Hatfield*, 54 Police J.279 (1981), accessed May 27, 2020, https://heinonline.org/HOL/LandingPage?handle=hein.journals/policejl54&div=32&id=&page=; Kirk Wallace Johnson, *The Feather Thief* (New York: Penguin, 2018),

111.
41. Mark Thomas, phone interview, January 13, 2020.
42. Thomas, interview; *Poached*, directed by Timothy Wheeler (New York: Ignite Channel, 2015), documentary; "(pounds) 2500 Fine and Jail Warn- ing for Egg Thief," *Herald Scotland,* January 15, 2003, accessed April 20, 2022, https://www.heraldscotland.com/news/11904004.pounds-2500-fine-and-jail-warning-for-egg-thief/.
43. Julian Rubinstein, "Operation Easter," *New Yorker*, July 15, 2013, https://www.newyorker.com/magazine/2013/07/22/operation-easter.
44. Patrick Barkham, "The Egg Snatchers," *Guardian,* December 10, 2006, https://www.theguardian.com/environment/2006/dec/11/g2.ruralaffairs.
45. Thomas, interview; "Slavonian Grebe Facts/*Podiceps auritus*," RSPB, accessed March 28, 2022, https://www.rspb.org.uk/birds-and-wildlife/wildlife-guides/bird-a-z/slavonian-grebe/; "Red Backed Shrike Bird Facts/*Lanius collurio*," RSPB, accessed March 28, 2022, https://www.rspb.org.uk/birds-and-wildlife/wildlife-guides/bird-a-z/red-backed-shrike/.
46. "Thank god you've come . . . ," as quoted in Rubinstein, "Operation Easter"; "Norfolk Man Who Illegally Hoarded 5,000 Rare Eggs Jailed," BBC, November 27, 2018, https://www.bbc.com/news/uk-england-norfolk-46358627; Peter Walsh, "Man Jailed and Told to Give His Collection of 5,000 Rare Bird Eggs to Natural History Museum," *Eastern Daily Press,* November 27, 2018, https://www.edp24.co.uk/news/crime/norfolk-collector-daniel-lingham-must-give-his-5-000 -rare-1310900; Sam Russell, "Man Who Illegally Collected More Than 5,000 Rare Bird Eggs Jailed for Threatening Population Species," *Independent*, Novem- ber 28, 2018, https://www.independent.co.uk/news/uk/crime/bird-egg-thief-jailed-daniel-lingham-norfolk-norwich-magistrates-court-trial-a8655361.html; Mark Thomas, "I've Been a Silly Man, Haven't I," *Legal Eagle*, RSPB Investigations Newsletter, Spring

2019, 4, https://ww2.rspb.org.uk/Images/Legal%20Eagle%2087_tcm9-465877.pdf.

47. Peter Walker, "Rare Bird Egg Thief, with Collection of 700 Snatched from Nests, Jailed," *Guardian*, December 13, 2011, https://www.theguardian.com/uk/2011/dec/13/prolific-egg-thief-700-jailed; Rubinstein, "Operation Easter"; Thomas, interview.
48. Wheeler, *Poached*; Thomas, interview.
49. Thomas, interview.
50. Thomas, interview.
51. Thomas, interview.
52. Ian Webster, "$36 in 1849 → 2022/Inflation Calculator," Official Inflation Data, Alioth Finance, March 28, 2022, https://www.officialdatarg/us/inflation/1849?amount=36; "History of the Hangtown Fry and Recipes," City of Placerville, California, accessed November 23, 2021, https://www.cityofplacerville.org/history-of-the-hangtown-fry-and-recipes; History.com Editors, "San Francisco," History Channel, last modified December 18, 2009, https://www.history.com/topics/us-states/san-francisco.
53. Zach Coffman, "100 Years of the Farallon National Wildlife Refuge," *Tideline* 30, no. 1 (Spring 2009), accessed November 24, 2021, https://www.fws.gov/uploadedFiles/Region_8/NWRS/Zone_2/San_Francisco_Bay_ Complex/tideline%20SPRING%2009C.pdf; Peter White, *The Farallon Islands: Sentinels of the Golden Gate* (San Francisco: Scottwell Associ- ates, 1995), 7.
54. Susan Casey, *The Devil's Teeth: A True Story of Obsession and Survival among America's Great White Sharks* (New York: Henry Holt, 2005), 79.
55. White, *Farallon Islands,* 45–55.
56. Charles Nordhoff, "The Farallon Islands," *Harper's New Monthly Magazine* 48, no. 287 (April 1874): 617–625, https://catalog.hathitrust.org/

Record/000505748/Home.
57. "Aid Carried to Marooned Egg Hunters by the *Call*'s Stanch Tug *Reliance*," *San Francisco Call* 86, no. 12 (July 12, 1899).
58. White, *Farallon Islands*, 43; Casey, *Devil's Teeth*, 82.
59. "Nerva N. Wines," J. Candace Clifford Lighthouse Research Catalog, accessed November 23, 2021, https://archives.uslhs.org/people/nerva-n-wines; Amos Clift letter quoted in White, *Farallon Islands*, 43.
60. White, *Farallon Islands*, 52–53.
61. White, *Farallon Islands*, 53–54.
62. White, *Farallon Islands*, 54.
63. Peter Pyle, "Seabirds," US Geological Survey Publications Warehouse, accessed March 28, 2022, https://pubs.usgs.gov/circ/c1198/chapters/150-161_Seabirds.pdf; William J. Sydeman, "Survivorship of Common Murres on Southeast Farallon Island, California," *Ornis Scandina- vica (Scandinavian Journal of Ornithology)* 24, no. 2 (1993): 135–141, https://doi.org/10.2307/3676363; "Important Bird Areas: Farallon Islands," Audubon, last modified May 10, 2018, https://www.audubon.org/important-bird-areas/farallon-islands.
64. Quoted in Errol Fuller, *The Great Auk: The Extinction of the Original Penguin* (Piermont, NH: Bunker Hill, 2003), 34.
65. Fuller, *Great Auk,* 82–83.
66. 為保護隱私，阿米娜為化名。
67. Emelyn Rude, *Tastes Like Chicken: A History of America's Favorite Bird* (New York: Pegasus, 2016), 6, 18–22, 33.
68. Jessica B. Harris, *High on the Hog: A Culinary Journey from Africa to America* (New York: Bloomsbury, 2011), 83–84.
69. Rude, *Tastes Like Chicken*, 33.
70. Adrian Miller, "The Surprising Origin of Fried Chicken," BBC, October13, 2020, https://www.bbc.com/travel/article/20201012-the-surprising-origin-of-fried-chicken; Psyche A. Williams-Forson, *Building*

Houses out of Chicken Legs: Black Women, Food, and Power (Chapel Hill: Uni- versity of North Carolina Press, 2006), 1, 30–36.

71. Elizabeth A. Payne, "Egg Money Shaped Farm Women's Economy," *Daily Journal*, July 24, 2006; Andrew Lawler, *Why Did the Chicken Cross the World? The Epic Saga of the Bird That Powers Civilization* (New York: Atria Paperback, 2014), 203–204; City of Mansfield, MO, "Where the Little House Books Were Written," accessed January 2, 2022, http:// mansfieldcityhall.org/info.html; Vivana A. Zelizer, *The Social Meaning of Money: Pin Money, Paychecks, Poor Relief, and Other Currencies* (Princeton, NJ: Princeton University Press, 2017), 42, 62, 222.
72. Laura Ingalls Wilder, *Laura Ingalls Wilder, Farm Journalist: Writings from the Ozarks*, ed. Stephen W. Hines (Columbia: University of Missouri Press, 2007), 48–50.
73. Vittoria Traverso, "The Egyptian Egg Ovens Considered More Wondrous Than the Pyramids," Atlas Obscura, March 29, 2019, https://www.atlasobscura.com/articles/egypt-egg-ovens.
74. Diane Toops, *Eggs: A Global History*, Edible Series (London: Reaktion, 2014), 83–84; Bill Hammerman, "Lest We Forget—Lyman Byce," *Pet- aluma Argus-Courier*, July 17, 2014, https://bill-hammerman.blogsetaluma360.com/13099/lest-we-forget-lyman-byce/; George Pendle, "The California Town That Produced 10 Million Eggs a Year," Atlas Obscura, July 25, 2016, https://www.atlasobscura.com/articles/the-california-town-that-produced-10-million-eggs-a-year; Dan Strehl, "Egg Basket of the World," in *Eggs in Cookery: Proceedings of the Oxford Symposium on Food and Cookery 2006,* ed. Richard Hosking (Devon, UK: Prospect, 2007), 246; "Christopher Nisson Archives," Petaluma Historian, accessed January 6, 2022, https://petalumahistorian.com/tag/christopher-nisson/; Diane Peterson, "History of Petaluma Eggs," *Sonoma Magazine*, March 2015, https://www.sonomamag.com/

history-petaluma-eggs/.
75. Strehl, "Egg Basket of the World," 247.
76. Strehl, "Egg Basket of the World," 248.
77. Rude, *Tastes Like Chicken,* 110, 118–119.
78. "Cal-Maine Foods' Leadership Team," Cal-Maine Foods, accessed January 6, 2022, https://www.calmainefoods.com/company/cal-maine-foods-leadership-team/.
79. 29 CFR § 780.328, Meaning of Livestock, amended April 1, 2022; Veronica Hirsch, "Detailed Discussion of Legal Protections of the Domestic Chicken in the United States and Europe/Animal Legal and Historical Center," accessed January 6, 2022, https://www.animallaw.info/article/detailed-discussion-legal-protections-domestic-chicken-united-states-and-europe.
80. Hirsch, "Detailed Discussion of Legal Protection"; Temple Grandin, "Animal Welfare and Society Concerns Finding the Missing Link," *Meat Science* 98, no. 3 (November 2014), 466, https://doi.org/10.1016/j.meatsci.2014.05.011.
81. A. Iqbal and A. F. Moss, "Review: Key Tweaks to the Chicken's Beak—the Versatile Use of the Beak by Avian Species and Potential Approaches for Improvements in Poultry Production," *Animal* 15, no.2 (February 2021), https://www.sciencedirect.com/science/article/pii/S175173112030121X; H. Cheng, "Morphological Changes and Pain in Beak Trimmed Laying Hens," *World's Poultry Science Journal* 62, no. 1 (2006), https://doi.org/10.1079/WPS200583; Michael J. Gentle et al., "Behavioral Evidence for Persistent Pain Following Partial Beak Ampu- tation in Chickens," *Applied Animal Behaviour Science* 27, no. 1–2 (August 1990): 149–157, accessed December 14, 2021, https://doi.org/10.1016/0168-1591(90)90014-5.
82. P. Y. Hester and H. Shea-Moore, "Beak Trimming Egg-Laying Strains of Chickens," *World's Poultry Science Journal* 59, no. 4 (2003),

accessed December 14, 2021, https://doi.org/10.1079/WPS20030029.
83. Bill Gates, "Why I Would Raise Chickens," Gatesnotes.com, accessed January 6, 2022, https://www.gatesnotes.com/development/why-i-would-raise-chickens; Melinda Gates, "The Small Animal That's Making a Big Difference for Women in the Developing World," Medium.com, last modified June 10, 2016, https://medium.com/bill-melinda-gates-foundation/the-small-animal-thats-making-a-big-difference-for-women-in-the-developing-world-15d31dca2cc2.
84. Jacques Pépin, phone interview, October 2, 2020; Auguste Escoffier, *A Guide to Modern Cookery* (London: W. Heinemann, 1907), 164; Harold McGee, *On Food and Cooking: The Science and Lore of the Kitchen* (New York: Scribner, 2004), 68–69.
85. J. Kenji López-Alt, phone interview, February 24, 2021.
86. General Mills, *Betty Crocker's Cookbook* (New York: Golden, 1974), 205.
87. "Eggs: The Perfect Balance of Yin and Yang," Traditional Chinese Medicine World Foundation, May 7, 2021, https://www.tcmworld.org/eggs-perfect-balance-yin-yang/.
88. McGee, *On Food*, 76.
89. McGee, *On Food*, 84–86.
90. Paul Freedman, phone interview, September 24, 2020.
91. 雅克的人生故事細節皆出自 Jacques Pépin, *The Apprentice: My Life in the Kitchen* (Boston: Houghton Miff- lin Harcourt, 2004); and Pépin, phone interviews, October 2, 2020, and March 17, 2021.
92. Rupert Taylor, "The Mysterious Origin of Eggs Benedict," Delishably, November 15, 2021, https://delishably.com/dairy/The-Mysterious-Origin-of-Eggs-Benedict; Pépin, phone interviews.
93. López-Alt, phone interview; Pierre Bourdieu, *Distinction: A Social Critique of the Judgement of Taste* (Cambridge, MA: Harvard University Press, 1984).

94. Pépin, phone interviews; Maguelonne Toussaint-Samat, *A History of Food* (West Sussex, UK: Blackwell, 2009), 326; Freedman, phone interview; Ken Albala, phone interview, September 22, 2020.
95. Gina L. Greco and Christine M. Rose, trans., *The Good Wife's Guide (Le Ménagier de Paris: A Medieval Household Book)* (Ithaca, NY: Cor- nell University Press, 2009), 310–311.
96. Mihaly Csikszentmihalyi, *Flow: The Psychology of Optimal Experience* (New York: HarperCollins, 2009).
97. Jacques Pépin, phone interviews, October 2, 2020, March 17, 2021, and February 8, 2022.
98. Pépin, phone interviews.
99. Lynne Rossetto Kasper, "There's More Than One Way to Cook an Egg: Dave Arnold Has 11," Splendid Table, April 12, 2013, https://www.splendidtable.org/story/2013/04/12/theres-more-than-one-way-to-cook-an-egg-dave-arnold-has-11.
100. Wei Guo, "Chinese Steamed Eggs, a Perfectionist's Guide," Red House Spice, last modified December 24, 2019, https://redhousespice.com/chinese-steamed-eggs/. 各位也可以參考我最喜歡的中式料理主廚劉老爹（Daddy Lau）的食譜："Steamed Egg（蒸蛋）," Chinese Family Recipes/Made with Lau, last modified August 20, 2020, https://madewithlau.com/recipes/ steamed-egg.
101. Angela Hui, "Why My Childhood Birthdays Were Full of Red Eggs," Goldthread, February 6, 2019, https://www.goldthread2.com/food/why-my-childhood-birthdays-were-full-red-eggs/article/3000730; Theresa Vargas, "The Revered (and Very Messy) Easter Tradition You Might Not Have Heard About," *Washington Post*, April 20, 2019, https://www.washingtonpost.com/local/the-revered-and-very-messy-easter-tradition -you -might-not-have -heard -about/2019/0 4/19/c62 3d4e4-62f0-11e9-9412-daf3d2e67c6d_story.html; "Egg-shoeing in Focus for Easter as Hungarian Craftsman Keeps Tradition Alive," Reuters, last

modified March 31, 2021, https://www.tribuneindia.com/news/ schools/ egg -shoeing -in -focus -for -easter -as -hungarian -craftsman-keeps-tradition-alive-232717.

102. Brian Stewart, "Egg Cetera #6: Hunting for the World's Oldest Decorated Eggs," University of Cambridge, April 10, 2012, https://www.cam.ac.uk/research/news/egg-cetera-6-hunting-for-the-worlds-oldest-decorated-eggs; Jonathan Amos, "Etched Ostrich Eggs Illustrate Human Sophistication," BBC News, last modified March 2, 2010, https://news.bbc.co.uk/2/hi/science/nature/8544332.stm.

103. Stewart, "Egg Cetera #6"; John P. Rafferty, "6 of the World's Most Dan- gerous Birds," *Encyclopedia Britannica*, accessed January 20, 2022, https://www.britannica.com/list/6 -of-the -worlds -most-dangerous-birds.

104. Malayna Evans Williams, *Signs of Creation: Sex, Gender, Categories, Religion, and the Body in Ancient Egypt*, PhD diss., University of Chicago, June 2011, 146; Sara El Sayed Kitat, "Ostrich Egg and Its Symbolic Meaning in the Ancient Egyptian Monastery Churches," *Journal of the General Union of Arab Archeologists* 15, no. 15 (Winter 2014): 25, https://journals.ekb.eg/article_3088.html.

105. Tamar Hodos, "Eggstraordinary Artefacts: Decorated Ostrich Eggs in the Ancient Mediterranean World," *Humanities and Social Sciences Communications* 7, no. 1 (2020), doi:10.1057/s41599-020-00541-8; El Sayed Kitat, "Ostrich Egg and Its Symbolic Meaning," 24; Francesco Careilli, "The Book of Death: Weighing Your Heart," *London Journal of Primary Care* 4, no. 1 (July 2011), doi: 10.1080/17571472.2011.11493336; John Habib, "Do You Know These 4 Orthodox Church Symbols?" Orthodox Christian Meets World blog, June 30, 2015, last modified March 29, 2020, https://johnbelovedhabib.wordpress.com/2015/06/30/ do -you-know-these - 4 -orthodox-church-symbols/comment-page-1/; Martin Kemp, "Science in Culture: Eggs

and Exegesis," *Nature* 440, no. 7086 (2006): 872, doi:10.1038/440872a.

106. 除此之外，在土耳其的藍色清真寺（Blue Mosque）以及聖索菲亞大教堂（Hagia Sophia）裡的燈具都掛著駝鳥蛋，藉由其所散發的氣味來趨避蜘蛛，以減少蜘蛛網出現妨礙觀瞻。Rabah Saoud, "Sultan Ahmet Cami or Blue Mosque," Muslim Heritage, July 8, 2004, https:// muslimheritage.com/sultan-ahmet-cami-blue-mosque/; Mary D. Gar- rard, *Brunelleschi's Egg: Nature, Art, and Gender in Rennaisance Italy* (Los Angeles: University of California Press, 2010), 45; Creighton Gil- bert, " 'The Egg Reopened' Again," *Art Bulletin* 56, no. 2 (1974): 252–258, https://doi.org/10.2307/3049230; Millard Meiss, "Not an Ostrich Egg?" *Art Bulletin* 57, no. 1 (1975): 116, doi:10.2307/3049344.

107. Venetia Newall, *An Egg at Easter: A Folklore Study* (London: Routledge & Kegan Paul, 1971), 268.

108. Newall, *An Egg at Easter,* 263–264.

109. 關於復活節老巫婆的內容是源自於我的瑞典友人口述。 Newall, *An Egg at Easter,* 124–125, 208; "Easter Festivities in Slovenia," I Feel Slove- nia, accessed April 4, 2022, https://www.slovenia.info/en/stories/easter-in-slovenia; Gabriel Stille, " migus-Dyngus: Poland's National Water Fight Day," Culture.ple, March 11, 2014, https://culture.pl/en/article/ smigus-dyngus-polands-national-water-fight-day.

110. Luba Petrusha, "Soviet Era," Pysanky.info, accessed April 4, 2022, https://www.pysanky.info/History/Soviet.html; Vira Manko, *The Ukrainian Folk Pysanka* (Lviv: Svichado, 2017), 11; "Pysanka Symbols and Motifs with Luba Petrusha," Ukrainian History and Education Center, accessed April 4, 2022, https://www.ukrhec.org/civicrm/event/info%3Fid%3D128%26reset%3D1; Luba Petrusha, "Oleska Voropay," accessed April 5, 2021, https://pysanky.info/pysanka_legends/voropay.html; Theresa Vargas, "In Ukrainian Eggs, People Are Finding a Way to Connect and Help," *Washington Post*, March 30, 2022, https://www.washingtonpost.com/dc-md-va/2022 /03/30/ukraine -eggs -pysanky-

easter.

111. "Pysanky—Ukrainian Easter Eggs," Ukrainian Museum in New York City, last modified 2011, https://www.ukrainianmuseum.org/ex_110326pysanka.html.
112. Yaroslava Tkachuk, "Pysanka: Easter Traditions," National Museum of Hutsul Region and Pokuttya, accessed January 20, 2022, https://pysanka.museum/museum/articles/easter_traditions/.
113. Luba Petrusha, "Ancient Origins," Pysanka, accessed January 20, 2022, https://www.pysanky.info/History/Ancient.html; Petrusha, "Kyivan Rus," Pysanka, https://www.pysanky.info/History/Kyivan_Rus.html; Meredith Bennett-Smith, "Look: 500-Year-Old Easter Egg?" HuffPost, August 9, 2013, last modified December 7, 2017, https://www.huffpost.com/entry/easter-egg-ukraine-500-year-old-photo_n_3732610.
114. Marian J. Rubchak, "Ukraine's Ancient Matriarch as a Topos in Constructing a Feminine Identity," *Feminist Review* 92, no. 1 (2009): 131,133, doi:10.1057/fr.2009.5.
115. Arricca Elin Sansone, "How Did Colorful Decorated Eggs Become a Symbol of Easter?" *Country Living*, last modified March 20, 2019, https://www.countryliving.com/life/a26388851/history-of-easter-eggs/; "Pysanky—Ukrainian Easter Eggs—Ukrainian Museum (NYC) Exhibits/Lectures," Ukrainian Museum, New York City, accessed January 20, 2022, https://www.ukrainianmuseum.org/ex_100306pysanka.html.
116. "The Imperial Eggs," Fabergé.com, accessed January 20, 2022, https://www.faberge.com/the-world-of-faberge/the-imperial-eggs.
117. Miss Justina Marie, "Pysanky 101: How to Make Ukrainian Easter Eggs (Tutorial for Beginners) + Tour of My Pysanky," YouTube, March 28, 2019, https://www.youtube.com/watch?v=LjcKizt9n5A.
118. 除了文章中所提及的顏色以外，東歐復活節彩蛋的染料其實還有更多顏色可供選擇，但我買的入門材料包裡只有六種基本色彩。更多詳細資料請參閱 Luba Petrusha, "Color Sequences," Pysanka,

accessed January 20, 2022, https://www.pysanky.info/Dyeing/Dye_Sequences.html.

119. 除了一般的熱蠟筆以外，也可以選擇使用電子熱蠟筆，賈斯提娜・瑪莉小姐就偏好這種更專業的工具。

120. Miss Justina Marie, "Pysanky 101."

121. Pieter Aertsen, *The Egg Dance*, oil on panel, 1552 (Rijksmuseum, Amster- dam), https://www.rijksmuseum.nl/en/rijksstudio/artists/pieter-aertsen/ objects#/SK-A-3,0; Jan Steen, *The Egg Dance: Peasants Merrymaking in an Inn*, oil on canvas, 1670s (Wellington Collection, London), https:// artuk.org/discover/artworks/the-egg-dance-peasants-merrymaking-in-an-inn-144403.

122. Mattie Faint, phone interview, May 4, 2021.

123. Luke Stephenson and Helen Champion, *The Clown Egg Register* (San Francisco: Chronicle, 2018), 216.

124. Stephenson and Champion, *Clown Egg Register*, 215–216; Faint, interview.

125. Faint, interview.

126. BeWell@Stanford, "The Opposite of Play Is Not Work—It Is Depression," Wu Tsai Neurosciences Institute, Stanford University, last modified May 29, 2015, https://neuroscience.stanford.edu/news/opposite-play-not-work-it-depression. 參考了許多關於玩耍與魔法圈的學術資料與討論以後（例如：「魔法圈」究竟是否真的存在？若真的存在，它對於現實世界的影響力又有多大？），文內關於玩耍與魔法圈的敘述乃基於我身為各種玩耍、遊戲體驗的設計師、研究者、參與者的個人看法。若想閱讀更多相關資料，請見 Jaakko Stenros, *Playfulness, Play, and Games: A Constructionist Ludology Approach*, PhD diss., University of Tam- pere, Finland, 2015; Stenros, "In Defence of a Magic Circle: The Social, Mental and Cultural Boundaries of Play," DiGRA Nordic 2012 Con- ference: Local and Global—Games in Culture and Society, Tampere, Finland, June 6–8, 2012, edited by

Raine Koskimaa, Frans Mäyrä, and Jaakko Suominen; Markus Montola, "The Positive Negative Experience in Extreme Role-Playing," *Proceedings of DiGRA Nordic 2010: Experi-encing Games—Games, Play, and Players*, Stockholm, Sweden, August 16, 2010; Montola, *On the Edge of the Magic Circle: Understanding Per- vasive Games and Role-Playing*, PhD diss., University of Tampere, Fin- land, 2012; Sarah Lynne Bowman and Kjell Hedgard Hugaas, "Magic Is Real: How Role-Playing Can Transform Our Identities, Our Communi- ties, and Our Lives," in *Book of Magic: Vibrant Fragments of Larp Prac- tices*, ed. Kari Kvittingen Djukastein, Marcus Irgens, Nadja Lipsyc, and Lars Kristian Løveng Sunde (Oslo: Knutepunkt, 2021), 52–74.

127. Debbie Smith, phone interview, May 13, 2021.
128. Smith, interview.
129. Smith, interview.
130. David Fagundes and Aaron Perzanowski, "Clown Eggs," *University of Notre Dame Australia Law Review* 94, no. 3 (n.d.): 1313–1380, doi:10.32613/undalr/2017.19; Smith, interview.
131. Smith, interview.
132. "Food Fight: Festival in Spain Holds a Flour-and-Egg Battle," AP News, December 28, 2018, https://apnews.com/article/entertainment-lifestyle-travel-spain-els-enfarinats-7b61190 07c6949108be5024634b01352; Matthew White, "Crime and Punishment in Georgian Britain," British Library, October 14, 2009, https://www.bl.uk/georgian-britain/articles/ crime-and-punishment-in-georgian-britain; A. R. T. Kemasang, "The Egg in European Diet and What It Tells Us," *Petits Propos Culinaires* 115 (October 2019): 91; Samuel Osborne, "Over 2,300 People Pledge to Take Part in Egg-Throwing Contest at Margaret Thatcher Statue Unveiling," *Independent*, December 1, 2020, https:// www.independent.co.uk/news/ uk/politics/margaret-thatcher-statue-grantham-egg-throwing-contest-b1764620.html; Cameron Wilson, "A

Boy Egged a Racist Politician af- ter Christchurch: A Year On, Their Lives Have Completely Changed," BuzzFeed, March 15, 2020, https://www.buzzfeed.com/cameronwilson/ will-connolly-fraser-anning-christchurch-attack-egg-boy.

133. "British Crowd Hurls Eggs at Nazi Leader and Bride," *New York Times*, October 6, 1963, 3, https://nyti.ms/3K4bjli; Joanne Kavanagh, "Who Was Colin Jordan's Wife Françoise Dior?" *US Sun*, September 28, 2021, https://www.the-sun.com/news/3751183/colin-jordan-wife-francoise-dior/.
134. Karen Chernick, "How Eggs Became an Unlikely but Popular Material for Painters and Photographers," Artsy, March 30, 2018, https://www.artsy.net/article/artsy-editorial-eggs-popular-material-painters-photographers.
135. Arie Wallert, "*Libro secondo de diversi colori e sise da mettere a oro*: A Fifteenth-Century Technical Treatise on Manuscript Illumination," in *Historical Painting Techniques, Materials, and Studio Practice: Preprints of a Symposium, University of Leiden, the Netherlands, 26–29 June 1995* (Los Angeles: Getty Publications, 1995), 4–78.
136. Carolin C. Young, "Salvador Dali's Giant Egg," in *Eggs in Cookery:Proceedings of the Oxford Symposium of Food and Cookery 2006*, ed. Richard Hosking (Devon, UK: Prospect, 2007), 293–294, 302.
137. Hannah Yi, "This French Guy Is Sitting on Eggs until They Hatch: It's Art," Quartz, March 31, 2017, https://qz.com/946468/this-french-guy-is-sitting-on-eggs-until-they-hatch-its-art/; Agence France-Presse (AFP), " 'Human Hen' Artist Condemned after Hatching Nine Eggs," NDTV.com, last modified April 21, 2017, https://www.ndtv.com/offbeat/human-hen-artist-condemned-after-hatching-nine-eggs-1684057.
138. Milo Moiré, "The 'PlopEgg' Painting Performance #1 (Art Cologne 2014)," YouTube, April 12, 2014, https://www.youtube.com/watch?v=wKFZOIv5sS0.

139. "I Paint with My Prick," Quote Investigator—Tracing Quotations, May 28, 2012, https://quoteinvestigator.com/2012/05/28/renoir-paint/.
140. 關於「認知負荷」的議題在女性主義者的圈子裡存在已久，而我是在以下出處首次接觸到此議題：Emma Clit, "You Should Have Asked," May 20, 2017, last accessed November 30, 2021, https://english.emmaclit.com/2017/05/20/you-shouldve-asked/.
141. "Young British Artists (YBAs)—Art Term," Tate, accessed February 28, 2022, https://www.tate.org.uk/art/art-terms/y/young-british-artists-ybas; Zsofia Paulikovics, "A Guide to the Controversial Works of YBA Sarah Lucas," Dazed Digital, last modified October 8, 2018, https://www.dazeddigital .com /art-photography/article/4169 0/1/guide -to-controversal-yba-sarah-lucas-au-naturel-new-museum-exhibition.
142. Sarah Vankin, "Eggs Are Being Fried as Art at the Hammer Museum: Let's See What's Cooking," *Los Angeles Times*, July 9, 2019, https://www.latimes.com/entertainment/arts/la-et-cm-sarah-lucas-cooking-eggs-20190709-story.html; Ellie Howard, "British Pavilion: Who Is Sarah Lucas?" Kids of Dada, accessed February 28, 2022, https://www.kidsofdada.com/blogs/magazine/19753281-british-pavilion-who -is-sarah-lucas.
143. Sarah Lucas and Julian Simmons, "Egg Massage," *Male Nudes: A Salon from 1800 to 2021*, 2015, https://website-artlogicwebsite0032.artlogic .net/viewing-room /34 -male -nudes -a-salon -from -180 0 -to-2021/; Zachary Small, "Sarah Lucas Makes Male Privilege Her Own," Hyperallergic, last modified November 2, 2018, https://hyperallergic.com/463286/sarah-lucas-makes-male-privilege-her-own/.
144. Digby Warde-Aldam, "The Shock Factor of Sarah Lucas," *Apollo Magazine*, last modified November 22, 2018, https://www.apollo-magazine.com/sarah-lucas-shock-value/.
145. Lorissa W. Rinehart, "Why Splattering Eggs on a Museum's Walls with Other Women Was So Satisfying," Hyperallergic, May 28, 2019, https://

hyperallergic.com/502398/why-splattering-eggs-on-a-museums-walls-with-other-women-was-so-satisfying/.

146. Aida Edemariam, "The Saturday Interview: Sarah Lucas," *Guardian*, last modified May 27, 2011, https://www.theguardian.com/theguardian/2011/may/27/the-saturday-interview-sarah-lucas; Christina Patterson, "Sarah Lucas: A Young British Artist Grows Up and Speaks Out," *Independent*, last modified July 20, 2012, https://www.independent .co.uk /arts -entertainment/art/features/sarah -lucas -a-young-british-artist-grows-up-and-speaks-out-7959882.html; Hannah Alberico et al., "Workflow Optimization for Identification of Female Germline or Oogonial Stem Cells in Human Ovarian Cortex Using Single-Cell RNA Sequence Analysis," *Stem Cells*, March 9, 2022, https://doi.org/10.1093/stmcls/sxac015.

147. Dorothy Parker and Stuart Y. Silverstein, *Not Much Fun: The Lost Poems of Dorothy Parker* (New York: Scribner, 2009), 33; Marion Meade, *Dorothy Parker: What Fresh Hell Is This?* (New York: Villard, 1989), 105.

148. Katie Valentine, "The Amazing Story of the Cold War Space-Egg Race," Audubon, December 15, 2017, https://www.audubon.org/news/the-amazing-story-cold-war-space-egg-race; SaVanna Shoemaker, "Quail Eggs: Nutrition, Benefits, and Precautions," Healthline, February 24, 2020, https://www.healthline.com/nutrition/quail-eggs-benefits#comparison-with-chicken-eggs.

149. "Victor F. Hess—Facts," NobelPrize.org, accessed February 28, 2022, https://www.nobelprize.org/prizes/physics/1936/hess/facts/.

150. Jordan Bimm, email correspondence, January 6, 2020.

151. Dietrich E. Beischer and Alfred R. Fregly, *Animals and Man in Space: A Chronology and Annotated Bibliography through the Year 1960* (Pensacola, FL: Office of Naval Research, Department of the Navy, 1962), 27.

152. JPat Brown, "Cooking with FOIA: The CIA's Top Secret Anti-Poop Diet," MuckRock, last modified October 16, 2018, https://www.muckrock.com/news/archives/2018/oct/16/cooking-foia-air-forces-top-secret-u-2-pilot-diet/.
153. European Space Agency, "Space Scrambled Eggs," YouTube, January 30, 2016, https://www.youtube.com/watch?v=MtNGI-tFZxU.
154. John Vellinger and Mark Deuser, phone interview, November 23, 2020.
155. "John Vellinger: From Chix in Space to a Company in Space," Mechanical Engineering, Purdue University, accessed March 1, 2022, https://engineering.purdue.edu/ME/News/john-vellinger-from-chix-in-space-to-a-company-in-space; Vellinger and Deuser, interview.
156. Vanessa Listek, "Techshot's Bioprinter Successfully Fabricates Human Menisci in Space," 3DPrint.com, last modified October 16, 2021, https://3dprint.com/265654/techshots-bioprinter-successfully-fabricated-human-menisci-in-space/; "Redwire Acquires Techshot, the Leader in Space Biotechnology," Redwire Space, last modified November 2, 2021, https://redwirespace.com/newsroom/redwire-acquires-techshot-the-leader-in-space-biotechnology/.
157. Stephen Doty, phone interview, February 9, 2021.
158. Doty, interview.
159. Rich Boling, phone interview, February 16, 2022; Doty, interview; Ann Hutchinson, "Quail Eggs to Provide Clues to Effects of Microgravity," NASA, November 26, 2001, https://www.nasa.gov/centers/ames/news/releases/2001/01_91AR.html; "In the Heartland of Hearing Research: Central Institute for the Deaf," Hearing Review, last modified November 1, 2001, https://hearingreview.com/inside-hearing/research/in-the-heartland-of-hearing-research-central-institute-for-the-deaf.
160. Boling, interview.
161. Jessie Yeung, "The US Keeps Millions of Chickens in Secret Farms to Make Flu Vaccines: But Their Eggs Won't Work for Coronavirus,"

CNN, March 29, 2020, https://www.cnn.com/2020/03/27/health/chicken-egg-flu-vaccine-intl-hnk-scli/index.html; James Pasley, "The US Govern- ment Has Possibly Millions of Chickens in Secret Locations Laying Eggs Year Round for Flu Vaccines: The Exact Number and Location Are a Matter of National Security—Here's What We Know about the Chick- ens," Insider, April 7, 2020, https://www.insider.com/us-government-flu-vaccine-chickens-national-security-2020-4.

162. "Smallpox," Cleveland Clinic, accessed March 1, 2022, https://my.clevelandclinic.org/health/diseases/10855-smallpox.
163. History of Vaccines— "How Are Vaccines Made? The Scientific Method in Vaccine History," accessed June 14, 2022, https://historyofvaccines.org/vaccines-101/how-are-vaccines-made/scientific-method-vaccine-history; Steven Johnson, "How Humanity Gave Itself an Extra Life,"*New York Times Magazine*, April 27, 2021, https://www.nytimes.com/2021/04/27/magazine/global-life-span.html.
164. Sam Kean, "22 Orphans Gave Up Everything to Distribute the World's First Vaccine," *Atlantic*, January 12, 2021, https://www.theatlantic.com/ science/archive/2021/01/orphans-smallpox-vaccine-distribution/617646/.
165. History of Vaccines— "How Are Vaccines Made? The Scientific Method in Vaccine History," accessed June 14, 2022, https://historyofvaccines.org/vaccines-101/how-are-vaccines-made/scientific-method-vaccine-history.
166. Centers for Disease Control and Prevention, National Center for Immunization and Respiratory Diseases (NCIRD), "History of 1918 Flu Pandemic," Centers for Disease Control and Prevention, last modified January 22, 2019, https://www.cdc.gov/flu/pandemic-resources/1918-commemoration/1918-pandemic-history.htm; Christopher Ryland, curator, History of Medicine Collections and Archives at Vanderbilt

University Libraries, personal correspondence, November 2, 2021; Greer Williams, *Virus Hunters* (London: Hutchinson, 1959), 109.

167. Williams, *Virus Hunters*, 100, 114–115, 136; Esmond R. Long, "Ernest William Goodpasture: 1886–1960, A Biographical Memoir," National Academy of Sciences, last modified 1965, https://www.nasonline.org/publications/biographical-memoirs/memoir-pdfs/goodpasture-ernest.pdf; Alice M. Woodruff and Ernest W. Goodpasture, "The Susceptibility of the Chorio-Allantoic Membrane of Chick Embryos to Infection with the Fowl-Pox Virus," *American Journal of Pathology* 7, no. 3 (May 1931): 209–222.5, https://www.ncbi.nlm.nih.gov/pmc/articles/PMC2062632/.
168. Williams, *Virus Hunters*, 110, 114–116, 136; Woodruff and Goodpasture, "Susceptibility of Chorio-Allantoic Membrane"; Ernest W. Good- pasture, Alice M. Woodruff, and Gerrit J. Buddingh, "Vaccinal Infection of the Chorio-Allantoic Membrane of the Chick Embryo," *American Journal of Pathology* 8, no. 3 (May 1932): 271–282.7, https://www.ncbi.nlm.nih.gov/pmc/articles/PMC2062681/.
169. Williams, *Virus Hunters*, 109, 116; Leonard Norkin, "Tag Archives: Alice Woodruff," Leonard Norkin Virology Site, last modified December 10, 2014, https://norkinvirology.wordpress.com/tag/alice-woodruff/; Woodruff and Goodpasture, "Susceptibility of Chorio-Allantoic Membrane."
170. Long, "Goodpasture," 131–143; Ernest W. Goodpasture and Katherine Anderson, "Virus Infection of Human Fetal Membranes Grafted on the Chorioallantois of Chick Embryos," *American Journal of Pathology* 18, no. 4 (July 1942): 563–575; Ernest W. Goodpasture and Katherine Anderson, "Infection of Human Skin, Grafted on the Chorioallantois of Chick Embryos, with the Virus of Herpes Zoster," *American Journal of Pathology* 30, no. 3 (May 1944): 447–455; Katherine Anderson, "Infection of Newborn Syrian Hamsters with the Virus of Mare

Abortion," *American Journal of Pathology* 18 (July 1942): 555–561; "A Chicken's Egg (1931)," British Society for Immunology, accessed March 2, 2022, https://www.immunology.org/chickens-egg-1931; "Influenza Historic Timeline," Centers for Disease Control and Prevention, last modified April 18, 2019, https://www.cdc.gov/flu/pandemic-resources/ pandemic-timeline-1930-and-beyond.htm; Leigh Krietsch Boerner, "The Flu Shot and the Egg," *ACS Central Science* 6, no. 2 (February 2020): 89–92, doi:10.1021/acscentsci.0c00107; Eric Durr, "Worldwide Flu Outbreak Killed 45,000 American Soldiers during World War I," US Army (website), last modified August 31, 2018, https://www.army.mil/ article/210420/worldwide_flu_outbreak_killed_45000_a.

171. Eric Bender, "Accelerating Flu Protection," *Nature* 573, no. 7774 (Sep-tember 18, 2019), doi:10.1038/d41586-019-02756-5; David Robson, "The Real Reason Germs Spread in the Winter," BBC, October 18, 2015, https://www.bbc.com/future/article/20151016 -the-real-reason-germs-spread-in-the-winter; "Selecting Viruses for the Seasonal Flu Vaccine," Centers for Disease Control and Prevention, last modified August 31, 2021, https://www.cdc.gov/flu/prevent/vaccine-selection.htm; Hien H. Nguyen, "Influenza Treatment and Management: Approach Consider- ations, Prevention, Prehospital Care," Medscape Reference, last modi- fied November 5, 2021, https://emedicine.medscape.com/article/219557-treatment; Nancy Averett and Tania Elliott, "The Flu Vaccine Isn't 100% Effective, but Experts Recommend You Still Get It Every Year," Insider, May 17, 2021, https://www.insider.com/flu-vaccine-effectiveness; "Vac- cine Effectiveness: How Well Do the Flu Vaccines Work?" Centers for Disease Control and Prevention, National Center for Immunization and Respiratory Diseases, last modified May 6, 2021, https://www.cdc.gov/ flu/vaccines-work/vaccineeffect.htm.

172. "Human Cell Strains in Vaccine Development," History of Vaccines, Col- lege of Physicians of Philadelphia, last modified April 18, 2022, https:// historyofvaccines.org/vaccines-101/how-are-vaccines-made/human-cell-strains-vaccine-development; Nicholas C. Wu et al., "Preventing an Antigenically Disruptive Mutation in Egg-Based H3N2 Seasonal Influ- enza Vaccines by Mutational Incompatibility," *Cell Host and Microbe* 25, no. 6 (June 2019), doi:10.1016/j.chom.2019.04.013; Krietsch Boerner, "Flu Shot and the Egg," 89–92; Elizabeth Pratt, "Why Do We Still Grow Flu Vaccines in Chicken Eggs?" Healthline, December 4, 2017, https://www.healthline.com/health-news/why-we-grow-flu-vaccines-in-chicken-eggs.

173. 在此特別請各位讀者注意，目前世界上已有許多種疫苗；不過因為本書主題並不是疫苗，所以我不會在這裡詳述每一種疫苗的原理與效用，僅於文中提及概略性分類。某些疫苗類別當中包含了運用已死亡病毒的不活化疫苗（inactivated vaccine）；降低病毒活性的減毒活疫苗（live attenuated vaccine）；以及運用切碎的病毒片段的次單元疫苗（Subunit vaccine）、再組合型疫苗（recombinant vaccine）、多醣體疫苗（polysaccharide vaccine）、結合型疫苗（conjugate vaccine）；另外更有內含去活性毒素的類毒素疫苗（toxoid vaccine）等，族繁不及備載。"Different Types of Vaccines," History of Vaccines, College of Physicians of Philadelphia, 2018, accessed March 2, 2022, https://www.historyofvaccines.org/content/articles/different-types-vaccines; "Gene Synthesis Cost," Synbio Technologies: A DNA Technology Company, accessed March 2, 2022, https://www.synbio-tech.com/gene-synthesis-cost/; Elie Dolgin, "How COVID Unlocked the Power of RNA Vaccines," *Nature* 589, no. 7841 (2021): 189–191, doi:10.1038/d41586-021-00019-w.

174. B 細胞在人體內作用的方式比我在此處所描述的更複雜許多，然而其完整運作機制已超出本書主題要討論的範圍。Dr. Biology, "B-Cells: Ask a Biologist," Arizona State University School of Life

Sciences—Ask a Biologist, last modified February 16, 2011, https://askabiologist.asu.edu/b-cell; "What Are Naïve Cells? Naïve T Cell, Naïve B Cell, and How to Isolate Naïve Lymphocytes," Akadeum Life Sciences, last modified April 14, 2021, https://www.akadeum.com/blog/what-are-naive-cells/; Khan Academy, "B Lymphocytes (B Cells)/ Immune System Physiology," YouTube, February 18, 2010, https://www.youtube.com/watch?v=Z36dUduOk1Y.

175. Keith S. Kaye, "Comorbidities, Metabolic Changes Make Elderly More Susceptible to Infection," Healio: Medical News, Journals, and Free CME, September 1, 2011, https://www.healio.com/news/infectious-disease/20120225/comorbidities -metabolic-changes -make -elderly-more-susceptible-to-infection; Jonathan Abraham, "Passive Antibody Therapy in COVID-19," *Nature Reviews Immunology* 20, no. 7 (2020): 401–403, doi:10.1038/s41577-020-0365-7; "Passive Immunization," His- tory of Vaccines, College of Physicians of Philadelphia, last modified April 11, 2022, https://www.historyofvaccines.org/index.php/content/ articles/passive-immunization.

176. Lucia Lee et al., "Immunoglobulin Y for Potential Diagnostic and Therapeutic Applications in Infectious Diseases," *Frontiers in Immunology* 12 (June 9, 2021), doi:10.3389/fimmu.2021.696003; Xiangguang Li et al., "Production and Characteristics of a Novel Chicken Egg Yolk Anti- body (IgY) against Periodontitis-Associated Pathogens," *Journal of Oral Microbiology* 12, no. 1 (October 2020): 1831374, doi:10.1080/2000229 7.2020.1831374; Miriele C. Da Silva et al., "Production and Application of Anti-Nucleoprotein IgY Antibodies for Influenza A Virus Detection in Swine," *Journal of Immunological Methods* 461 (October 2018): 100– 105, doi:10.1016/j.jim.2018.06.023; Yang Zhu et al., "Efficient Production of Human Norovirus-Specific IgY in Egg Yolks by Vaccination of Hens with a Recombinant Vesicular Stomatitis Virus Expressing VP1 Pro- tein," *Viruses* 11, no. 5 (May

2019): 444, doi:10.3390/v11050444; José M. Pérez de la Lastra et al., "Can Immunization of Hens Provide Oral-Based Therapeutics against COVID-19?" *Vaccines* 8, no. 3 (August 2020): 486, doi:10.3390/vaccines8030486; Mary Romeo, "A Neat Trick—Passive Immunization Using Chicken Antibodies," SPARK at Stanford, Janu- ary 22, 2021, https://sparkmed.stanford.edu/blog/passive-immunization-using-chicken-antibodies; Sarah Graham, "Chicken Eggs Made to Pro- duce Human Antibodies," *Scientific American*, August 29, 2005, https://www.scientificamerican.com/article/chicken-eggs-made-to-prod/.

177. Mark Cartwright, "Ancient Greek Medicine," in *World History Encyclopedia* (2018), accessed March 2, 2022, https://www.worldhistory.org/Greek_Medicine/; Yvette Brazier, "Ancient Roman Medicine: Influences, Practice, and Learning," Medical News Today, last modified November 9, 2018, https://www.medicalnewstoday.com/ articles/323600#learning-about-the-body; Tram T. Vuong et al., "Processed Eggshell Membrane Powder Regulates Cellular Functions and Increase MMP-Activity Important in Early Wound Healing Processes," *PLOS One* 13, no. 8 (August 2018), doi:10.1371/journal.pone.0201975; Rosemond A. Mensah et al., "The Eggshell Membrane: A Potential Biomaterial for Corneal Wound Healing," *Journal of Biomaterials Applications* 36, no. 5 (November 2021): 912–929, doi:10.1177/08853282211024040; Susan Hewlings, Douglas Kalman, and Luke V. Schneider, "A Randomized, Double-Blind, Placebo-Controlled, Prospective Clinical Trial Evaluating Water-Soluble Chicken Eggshell Membrane for Improvement in Joint Health in Adults with Knee Osteoarthritis," *Journal of Medicinal Food* 22, no. 9 (September 2019): 875–884, doi:10.1089/jmf.2019.0068; Douglas S. Kalman and Susan Hewlings, "The Effect of Oral Hydrolyzed Eggshell Membrane on the Appearance of Hair, Skin, and Nails in Healthy Mid- dle-Aged Adults: A Randomized Double-Blind Placebo-Controlled Clinical

Trial," *Journal of Cosmetic Dermatology* 19, no. 6 (January 2020): 1463–1472, doi:10.1111/jocd.13275; Matej Balá et al., "State- of-the-Art of Eggshell Waste in Materials Science: Recent Advances in Catalysis, Pharmaceutical Applications, and Mechanochemistry," *Frontiers in Bioengineering and Biotechnology* 8 (January 27, 2021), doi:10.3389/fbioe.2020.612567.

178. Rob Stein, "A Gene-Editing Experiment Let These Patients with Vision Loss See Color Again," NPR.org, September 29, 2021, https://www.npr.org /sections/health -shots/2021/09/29/10 4 0879179/vision -loss-crispr-treatment; Michael Tabb, Andrea Gawrylewski, and Jeffery DelViscio, "What Is CRISPR, and Why Is It So Important?" *Scientific American*, video, June 22, 2021, https://www.scientificamerican.com/video/what-is-crispr-and-why-is-it-so-important/; Rob Stein, "Blind Patients Hope Landmark Gene-Editing Experiment Will Restore Their Vision," NPR.org, May 10, 2021, https://www.npr.org/sections/health-shots/2021/05/10/993656603/blind -patients -hope -landmark-gene-editing-experiment-will-restore-their-vision.

179. Marek Bednarczyk et al., "Generation of Transgenic Chickens by the Non-Viral, Cell-Based Method: Effectiveness of Some Elements of This Strategy," *Journal of Applied Genetics* 59, no. 1 (January 2018): 81–89, doi:10.1007/s13353-018-0429-6; Ken-ichi Nishijima and Shinji Iijima, "Transgenic Chickens," *Development, Growth and Differentiation* 55, no. 1 (December 2012): 207–216, doi:10.1111/dgd.12032; Lei Zhu et al., "Production of Human Monoclonal Antibody in Eggs of Chimeric Chickens," *Nature Biotechnology* 23 (August 2005): 1159–1169, https://www.nature.com/articles/nbt1132; Rachel Becker, "US Government Approves Transgenic Chicken," *Nature*, December 9, 2015, doi:10.1038/ nature.2015.18985; "The Only FDA-Approved Treatment for Lysosomal Acid Lipase Deficiency (LAL-D)," Alexion, AstraZeneca Rare Disease, accessed March 3, 2022, https://kanuma.com.

180. Takehiro Mukae et al., "Production of Recombinant Monoclonal Antibodies in the Egg White of Gene-Targeted Transgenic Chickens," *Genes* 12, no. 1 (January 2020): 38, doi:10.3390/genes12010038; Young M. Kim et al., "The Transgenic Chicken Derived Anti-CD20 Monoclonal Antibodies Exhibits Greater Anti-Cancer Therapeutic Potential with Enhanced Fc Effector Functions," *Biomaterials* 167 (June 2018): 58–68, doi:10.1016/j.biomaterials.2018.03.021; University of Edin- burgh, "Hens That Lay Human Proteins in Eggs Offer Future Therapy Hope," EurekAlert!, January 27, 2019, https://www.eurekalert.org/ news-releases/607968; Kenneth Macdonald, "Gene Modified Chickens 'Lay Medicines,' " BBC News, January 28, 2019, https://www.bbc.com/news/uk-scotland-47022070; Julie Kelly, "The March of Genetic Food Progress," *Wall Street Journal*, December 29, 2015, https://www.wsj.com/articles/the-march-of-genetic-food-progress-1451430187; Karthik Giridhar, "What to Know about HER2-Positive Breast Cancer," Mayo Clinic, last modified April 7, 2020, https://www.mayoclinic.org/breast-cancer/expert-answers/faq-20058066.
181. Katherine Assersohn, Brekke Patricia, and Nicola Hemmings, "Physiological Factors Influencing Female Fertility in Birds," *Royal Society Open Science* 8 (2021): 2202274, http://doi.org/10.1098/rsos.202274; Adam M. Hawkridge, "The Chicken Model of Spontaneous Ovarian Cancer," *Proteomics: Clinical Applications* 8, no. 9–10 (October 2014): 689–699, doi:10.1002/prca.201300135; M. F. Fathalla, "Incessant Ovu- lation and Ovarian Cancer: A Hypothesis Re-visited," *Fact, Views and Vision ObGyn* 5, no. 4 (2013): 292–297, https://www.ncbi.nlm.nih.gov/ pmc/articles/PMC3987381/; "What Is Ovarian Cancer: Ovarian Tumors and Cysts," American Cancer Society, Information and Resources for Cancer: Breast, Colon, Lung, Prostate, Skin, accessed March 3, 2022, https://www.cancer.org/cancer/ovarian-cancer/about/what-is-ovarian-cancer.html; Tova M. Bergsten, Joanna

E. Burdette, and Matthew Dean, "Fallopian Tube Initiation of High Grade Serous Ovarian Cancer and Ovarian Metastasis: Mechanisms and Therapeutic Implications," *Can- cer Letters* 476 (April 2020): 152–160, doi:10.1016/j.canlet.2020.02.017; Hannah M. Micek et al., "The Many Microenvironments of Ovarian Cancer," *Advances in Experimental Medicine and Biology* 1296 (2020): 199–213, doi:10.1007/978-3-030-59038-3_12; Yang Yang-Hartwich et al., "Ovulation and Extra-Ovarian Origin of Ovarian Cancer," *Scientif- ic Reports* 4, no. 1 (August 19, 2014), doi:10.1038/srep06116.

182. 這裡所提及關於癌症的運作機制（特別是這一套車子油門與煞車的比喻）都出自 Siddhartha Mukherjee, *The Emperor of All Mala- dies: A Biography of Cancer* (New York: Simon & Schuster, 2010), 369.
183. "Ovarian Cancer Risk Factors," American Cancer Society, Information and Resources for Cancer: Breast, Colon, Lung, Prostate, Skin, accessed March 3, 2022, https://www.cancer.org/cancer/ovarian-cancer/causes-risks-prevention/risk-factors.html.
184. "Normal Ovarian Function," Rogel Cancer Center, University of Michigan, Ann Arbor, last modified April 10, 2018, https://www.rogelcancercenter.org/fertility-preservation/for-female-patients/normal-ovarian-function; Mariana Chavez-MacGregor et al., "Lifetime Cumu- lative Number of Menstrual Cycles and Serum Sex Hormone Levels in Postmenopausal Women," *Breast Cancer Research and Treatment* 108, no. 1 (March 2008): 101–112, doi:10.1007/s10549-007-9574-z; "OvarianCancer Statistics: How Common Is Ovarian Cancer," American Can- cer Society, accessed March 3, 2022, https://www.cancer.org/cancer/ ovarian-cancer/about/key-statistics.html; Fathalla, "Incessant Ovula- tion"; Adam M. Hawkridge, "The Chicken Model of Spontaneous Ovar- ian Cancer."
185. Patricia A. Johnson and James R. Giles, "The Hen as a Model of Ovar- ian Cancer," *Nature Reviews Cancer* 13, no. 6 (June 2013): 432–436,

doi:10.1038/nrc3535; Erfan Eilati, Janice M. Bahr, and Dale B. Hales, "Long Term Consumption of Flaxseed Enriched Diet Decreased Ovarian Cancer Incidence and Prostaglandin E2 in Hens," *Gynecologic Oncology* 130, no. 3 (September 2013): 620–628, doi:10.1016/j.ygyno.2013.05.018; Southern Illinois University, "Flaxseed as Maintenance Therapy for Ovarian Cancer Patients in Remission," ClinicalTrials.gov, accessed March 3, 2022, https://clinicaltrials.gov/ct2/show/ NCT02324439; Lindsey S. Treviño, Elizabeth L. Buckles, and Patricia A. Johnson, "Oral Contraceptives Decrease the Prevalence of Ovarian Can- cer in the Hen," *Cancer Prevention Research* 5, no. 2 (February 2012): 343–349, doi:10.1158/1940-6207.capr-11-0344; Kristine Ansenberger et al., "Decreased Severity of Ovarian Cancer and Increased Survival in Hens Fed a Flaxseed-Enriched Diet for 1 Year," *Gynecologic Oncol- ogy* 117, no. 2 (May 2010): 341–347, doi:10.1016/j.ygyno.2010.01.021; Hawkridge, "Chicken Model"; Ana D. Bernardo, Sólveig Thorsteindót- tir, and Christine L. Mummery, "Advantages of the Avian Model for Human Ovarian Cancer," *Molecular and Clinical Oncology* 3, no. 6 (2015): 1191–1198, doi:10.3892/mco.2015.619; Donna K. Carver et al., "Reduction of Ovarian and Oviductal Cancers in Calorie-Restricted Laying Chickens," *Cancer Prevention Research* 4, no. 4 (April 2011): 562–567, doi:10.1158/1940-6207.capr-10-0294.

186. Hawkridge, "Chicken Model"; "EGFR," *NCI Dictionary of Cancer Terms* (Bethesda, MD: National Cancer Institute, n.d.), accessed March 3, 2022, https://www.cancer.gov/publications/dictionaries/cancer-terms/def/egfr; "Breast Cancer HER2 Status," American Cancer Society, accessed March 3, 2022, https://www.cancer.org/cancer/breast-cancer/understanding-a-breast-cancer-diagnosis/breast-cancer-her2 -status.html; Shannon K. Laughlin-Tommaso, "CA 125 Test: A Screening Test for Ovarian Cancer?" Mayo Clinic, last modified August 6, 2020, https://www.mayoclinic.org/diseases-conditions/ovarian-cancer/

expert-answers/ca-125/faq-20058528; Karen H. Vousden and David P. Lane, “p53 in Health and Disease,” *Nature Reviews Molecular Cell Biology* 8, no. 4 (2007): 275–283, doi:10.1038/nrm2147; Whasun Lim et al., “SER- PINB3 in the Chicken Model of Ovarian Cancer: A Prognostic Factor for Platinum Resistance and Survival in Patients with Epithelial Ovarian Cancer,” *PLoS ONE* 7, no. 11 (November 21, 2012), doi:10.1371/journal.pone.0049869; Laurent Brard, email correspondence, May 29, 2022.

187. “BRCA Gene Mutations: Cancer Risk and Genetic Testing Fact Sheet,” National Cancer Institute, accessed March 3, 2022, https:// www.cancer.gov/about-cancer/causes-prevention/genetics/brca-fact-sheet; “10 Things to Know about BRCA Genes,” Texas Oncology, accessed March 3, 2022, https://www.texasoncology.com/services-and-treatments/genetic-testing/things-to-know-about-brca-genes; “BRCA Gene Mutations,” National Cancer Institute.

188. “Questions about the BRCA1 and BRCA2 Gene Study and Breast Cancer,” Genome.gov, last modified June 1, 2012, https://www.genome.gov/10000940/brca1brca2-study-faq#al-3; Kelsey Lewis et al., “Recommendations and Choices for BRCA Mutation Carriers at Risk for Ovarian Cancer: A Complicated Decision,” *Cancers* 10, no. 2 (February 2018): 57, doi:10.3390/cancers10020057.

189. William H. Parker et al., “Long-Term Mortality Associated with Oopho- rectomy Compared with Ovarian Conservation in the Nurses’ Health Study,” *Obstetrics and Gynecology* 121, no. 4 (April 2013): 709–716, doi:10.1097/aog.0b013e3182864350; Radina Eshtiaghi, Alireza Estegha- mati, and Manouchehr Nakhjavani, “Menopause Is an Independent Pre- dictor of Metabolic Syndrome in Iranian Women,” *Maturitas* 65, no. 3 (March 2010): 262–266, doi:10.1016/j.maturitas.2009.11.004; “Prema- ture and Early Menopause: Causes, Diagnosis, and Treatment,” Cleve- land Clinic, last modified October

22, 2019, https://my.clevelandclinic.org/health/diseases/21138-premature-and-early-menopause; Han- naford Edwards et al., "The Many Menopauses: Searching the Cogni- tive Research Literature for Menopause Types," *Menopause* 26, no. 1 (January 2019): 45–65, doi:10.1097/gme.0000000000001171; Madison A. Price et al., "Early and Surgical Menopause Associated with Higher Framingham Risk Scores for Cardiovascular Disease in the Canadian Longitudinal Study on Aging," *Menopause* 28, no. 5 (May 2021): 484– 490, doi:10.1097/gme.0000000000001729; Karen M. Tuesley et al., "Hysterectomy with and without Oophorectomy and All-Cause and Cause-Specific Mortality," *American Journal of Obstetrics and Gyne- cology* 223, no. 5 (November 2020): xx, doi:10.1016/j.ajog.2020.04.037; Lewis, "Recommendations and Choices for BRCA."

190. Jie Cui, Yong Shen, and Rena Li, "Estrogen Synthesis and Signaling Path- ways during Aging: From Periphery to Brain," *Trends in Molecular Medi- cine* 19, no. 3 (March 2013): 197–209, doi:10.1016/j.molmed.2012.12.007; Radwa Barakat et al., "Extra-Gonadal Sites of Estrogen Biosynthe- sis and Function," *BMB Reports* 49, no. 9 (September 2016): 488–496, doi:10.5483/bmbrep.2016.49.9.141; "What Is Menopause?" National Institute on Aging, last modified September 30, 2021, https://www.nia.nih.gov/health/what-menopause; "Perimenopause: What Is It, Symp- toms and Treatment," Cleveland Clinic, last modified October 5, 2021, https://my.clevelandclinic.org/health/diseases/21608-perimenopause.

191. Ding-Hao Liu et al., "Age-Related Increases in Benign Paroxysmal Posi- tional Vertigo Are Reversed in Women Taking Estrogen Replacement Therapy: A Population-Based Study in Taiwan," *Frontiers in Aging Neuroscience* 9 (December 12, 2017), doi:10.3389/fnagi.2017.00404; Fernando Lizcano and Guillermo Guzmán, "Estrogen Deficiency and the Origin of Obesity during Menopause,"

BioMed Research Inter- national 2014 (March 2014): 1–11, doi:10.1155/2014/757461; Michael C. Honigberg et al., "Association of Premature Natural and Surgi- cal Menopause with Incident Cardiovascular Disease," *Journal of the American Medical Association* 322, no. 24 (December 2019): 2411, doi:10.1001/jama.2019.19191; D. Pu et al., "Metabolic Syndrome in Menopause and Associated Factors: A Meta-analysis," *Climacteric* 20, no. 6 (October 2017): 583–591, doi:10.1080/13697137.2017.1386649.

192. Maunil K. Desai and Roberta D. Brinton, "Autoimmune Disease in Women: Endocrine Transition and Risk across the Lifespan," *Frontiers in Endocrinology* 10 (April 29, 2019), doi:10.3389/fendo.2019.00265; Salman Assad et al., "Role of Sex Hormone Levels and Psychological Stress in the Pathogenesis of Autoimmune Diseases," *Cureus* 9, no. 6 (June 5, 2017), doi:10.7759/cureus.1315.

193. Jessica Grose, "When Your Home Is a Hormonal Hellscape," *New York Times*, May 27, 2021, https://www.nytimes.com/2021/05/26/parenting/menopause-perimenopause-puberty.html.

194 "Menopause: Diagnosis and Treatment," Mayo Clinic, last modified October 14, 2020, https://www.mayoclinic.org/diseases-conditions/menopause/diagnosis-treatment/drc-20353401; "Staying Healthy after Menopause," Johns Hopkins Medicine, accessed March 3, 2022, https://www.hopkinsmedicine.org /health/conditions-and-diseases/staying-healthy-after-menopause; Evrim Cakir et al., "Comparison of the Effects of Surgical and Natural Menopause on Epicardial Fat Thickness and γ-Glutamyltransferase Level," *Menopause* 18, no. 8 (August 2011):901–905, doi:10.1097/gme.0b013e31820ca95e.

195. Remy Melina, "Sex-Change Chicken: Gertie the Hen Becomes Bertie the Cockerel," Live Science, last modified March 31, 2011, https://www.livescience.com/13514-sex-change-chicken-gertie-hen-bertie-cockerel.html; J. Pitino, "Spontaneous Sex Reversal: Is That My Hen

Crowing?!" *Backyard Poultry,* last modified June 21, 2021, https://backyardpoultry.iamcountryside.com/feed-health/spontaneous-sex-reversal-is-that-my-hen-crowing/; "UCP Episode 018: Spontaneous Sex Reversal in Chick- ens—My Hen Just Became a Rooster!" podcast audio, July 17, 2013, http://www.urbanchickenpodcast.com/ucp-episode-018/; Jacquie Jacob, "Sex Reversal in Chickens," Small and Backyard Poultry—Welcome to the Poultry Extension Website, accessed March 3, 2022, https://poultry.extension.org/articles/poultry-anatomy/avian-reproductive-female/sex-reversal-in-chickens-kept-in-small-and-backyard-flocks/; Ker Than, "Half-Male Chicken Mystery Solved," *National Geographic*, last mod- ified March 18, 2010, https://www.nationalgeographic.com/culture/ article/100315-half-male-half-female-chickens.

196. Masha Gessen, "Masha Gessen on the Ins and Outs of Russia (Ep. 73)," Tyler Cowen, podcast audio, August 14, 2019, https://conversationswithtyler.com/episodes/masha-gessen/.

197. Jen Gunter, "Women Can Have a Better Menopause: Here's How," *New York Times*, May 26, 2021, https://www.nytimes.com/2021/05/25/opinion/feminist-menopause.html; Chris Harris, "Finding the Value in Processing Spent Laying Hens," Poultry Site, December 20, 2019, https:// www.thepoultrysite.com/articles/finding-the-value-in-processing-spent-laying-hens.

198. "Killer Whale," NOAA Fisheries, accessed March 3, 2022, https://www.fisheries.noaa.gov/species/killer-whale; Stuart Nattrass et al., "Postre- productive Killer Whale Grandmothers Improve the Survival of Their Grandoffspring," *Proceedings of the National Academy of Sciences* 116, no. 52 (December 2019): 26669–266673, doi:10.1073/pnas.1903844116; Daryl P. Shanley et al., "Testing Evolutionary Theories of Menopause," *Proceedings of the Royal Society B: Biological Sciences* 274, no. 1628 (September 2007): 2943–2949, doi:10.1098/

rspb.2007.1028; Gail A. Greendale et al., "Changes in Regional Fat Distribution and Anthropo- metric Measures across the Menopause Transition," *Journal of Clinical Endocrinology and Metabolism* 106, no. 9 (August 2021): 2520–2534, doi:10.1210/clinem/dgab389; Chloe Shantz-Hilkes, "Jen Gunter Says Menopause Is a Heck of a Lot Less Scary When We Talk about It," CBC, May 27, 2021, https://www.cbc.ca/radio/asithappens/as-it-happens-the-thursday-edition-1.6042622/jen-gunter-says-menopause-is-a-heck-of-a-lot-less-scary-when-we-talk-about-it-1.6042625; Tove Danovich, "America Stress-Bought All the Baby Chickens," *New York Times*, March 28, 2020, https://www.nytimes.com/2020/03/28/style/chicken-eggs-coronavirus.html.

國家圖書館出版品預行編目 (CIP) 資料

蛋的多重宇宙/麗茲.史塔克(Lizzie Stark)著;孟令函譯.
-- 一版. -- 臺北市:臉譜出版,城邦文化事業股份有限公司
出版:英屬蓋曼群島商家庭傳媒股份有限公司城邦分公司
發行, 2023.10
面; 公分. -- (臉譜書房;FS0173)
譯自:Egg : a dozen ovatures
ISBN 978-626-315-373-8(平裝)

1.CST: 蛋

439.623 112013015